시간은 이승-저승을 넘나드는 혼령처럼 차원을 들락거려 에너지를 낳고, 자신이 원인이자 결과이고, 유무의 경계선에서 초월적 권능을 발휘하고, 절대반지인냥 모든 물리법칙을 ... 이 딱딱한 물질세계가 마치 홀로그램 유... 증명해내면 완전한 과학이 되는가? 차라... 샹 시간에 에너지가 없으면 소립자론 · 우... ...리지 않겠는가?

- 본문 중에서 -

올 ALL THAT UNIVERSE 댓
유 니 버 스

올 댓 유니버스

- 입자와 우주의 모든 것을 설명하다 -

선 어람

바 탕

나는
무엇
인가
?

58년 개띠, 당 66세. 나이만 먹었다. 엘리베이터를 탈 때마다 마주쳐야 하는 실루엣, 청춘이 어제인데 저 쭈글한 자는 누구란 말인가? 잔주름에 굴곡진 낯가죽, 삐이~ 이 소리는 이명, … 하아, 총명은 어디 가고 버퍼링만 남았으니 내 인생이 이렇게 조용히 끝나는 것인가? 나의 이상과 우주의 진실이 이렇게 없었던 듯 묻혀도 되는 하찮은 것들인가? 그럴진대 나란 존재, 도대체 왜 태어난 것인가?

이렇게 고약하고 쓸모없는 인생은 학부 졸업논문을 쓰면서 시작되었다. 막스 베버 권력개념에 관한 내용을 기술하다 번쩍~ 하며 '나는 생각된다, 고로 나는 존재한다'는 명제가 떠올랐다. 따져보니 현상계에서 상호의존의 방식을 떠나 존재할 수 있는 것은 없었고, 서로가 서로의 본질을 구성하여 모두의 본질이 동일하므로 '우주는 하나다!!'라고 외칠 수 있었다. 이것을 고리로 현상계의 모든 비밀을 설명할 수 있다는 생각에 너무 기뻐 온방을 펄쩍펄쩍 뛰어다녔다.

문제는 생각이 우주론까지 이어졌다는 것이다. 만약 공간이 텅 비어 입자의 경계선 밖이 완전한 단절이라면 상호의존 자체가 불가능하므로, '우주가 하나'라는 파생명제가 성립하려면 공간과 입자는 동일한 성분으로 구성되어야 한다. 여기서 공간물질로 충만한 원시우주가 둘로 갈라져 입자-반입자가 탄생하는 과정에 천착하게 되었고, 날이 갈수록 입자-우주의 구성원리에 관한 의문은 깊어져갔다.

복잡한 퍼즐이 화두처럼 꽂혀 있다보니 정상적인 사회생활을 할 수 없었다. 28세에 결혼을 하였으나 직장은 내가 갈 길이 아니었고, 현직이 없으니 연구도 할 수 없었고, 수입이 없으니 책도 사볼 수 없었다. 이도저도 못하고 TV 속에서 일상을 까먹거나, 땅바닥만 보고 하염없이 터벅터벅 걸었다. 그렇게 17년의 세월이 흘렀다. 그 긴긴 시간을 어떻게 무위로 지낼 수 있었는지 지금도 이해할 수 없다.

그러다 장인 장모 별세 후 서울로 올라와 직장생활 십년쯤 하다, 2012년 졸고 「무한우주」를 1인출판사를 세워 출간하였다. 조잡한 수준의 책이었다. 몇 군데 발송하였으나 회신은 없었고, 두어분의 교수님을 찾아뵈었으나 첫말을 떼는 순간 정말 회전문처럼 등 떼밀려 쫓겨났다. 편집적 망상가들이 워낙 많으니 서운할 일도 아니었고, 학계에의 범접은 더 이상 꿈꿀 수 없음을 절감하였다.

다시 몇 년간 직장생활을 하다 또 마음의 병이 깊어져, 2017년 「엽기적 물리학」을 출간하였다. 표준모형의 원천적 허구성을 신랄히 지적하는 역작이어서, 읽어주는 이 한 사람만 있다면 학계가 뒤집어질 거라는 착각을 하였다. 그런데 250권의 책이 나갔음에도 단 한 건의 피드백도 없었다. 도대체 왜일까? 표준모형에 대한 믿음이 철옹성처럼 굳어서일까? 논리에 오류가 있다면 '혹세무민 집어치우라'는 힐난이라도 있어야 하는 것 아닌가?

그래서 또 가볍게 접어두고 외손주를 돌보면서 소일하다 2019년 「궁극우주」를 출간하였다. 소립자론-우주론을 아우르는 일관논리여서 많은 것을 버렸음에도 700쪽이었고, 각주·색인 등을 생략하는 아쉬움은 있었지만, 마치 큐빅의 조각을 맞추듯 논리적 연결이 완벽해서, 정말 아름다운 이론이라는 생각까지 들었다.

'이번에는 진짜 반응이 있겠지~.' 그러나 역시 어떤 일도 일어나지 않았다. 더 적은 책이 나갔고, 피드백 역시 없었다. 모든 가설에 증명이 덧붙어 틀린 논리를 찾기가 힘들 텐데 도대체 왜인가? 왜 내겐 사람이 없고, 왜 어떤 일도 뜻대로 이루어지지 않는가? 이럴 거면 왜 형극의 세월을 살게 하고, 왜 이런 책을 쓰게 하였는가? 또 다시 쉬이 미련을 털고 잊고 지냈다. 소심한 성격 탓이 컸다.

그러다 위 책에 언급되었던 상온핵융합기를 구체화해보고 싶어 장문의 제안서를 작성하게 되었다. 핵합성의 목적이 헬륨원자가 아닌 헬륨 핵, 즉 알파입자를 합성하는 데 있으므로, 핵융합로에서 수소원자를 1억℃의 플라스마로 가열할 필요없이, 양이온만 압축하는 방식으로 상온핵융합을 달성할 수 있다는 내용이었다.

여기서 논리적 타당성을 보강하는 차원에서 핵력의 실체에 관한 설명을 덧붙이게 되었고, 또 펜이 저절로 공간의 구조로 흘러가다보니, 증명의 차원에서 빛의 특성을 덧붙이게 되었다. 거기에다 중원소의 합성원리에 관한 논의가 덧붙다보니 조금씩 내용이 불어나, 차라리 「궁극우주」를 최소한의 부피로 압축해보자는 생각이 들었다. 그렇게 조금씩 덧붙어 이 소책자가 나오게 되었다.

자뻑이라 비웃겠지만 간추리는 내내 감탄을 느꼈다. '이 대단한 책을 과연 내가 썼단 말인가!!' 「궁극우주」엔 정말 입자와 우주의 모든 것을 설명하는 이론들이 집약되어 있는데, 사람들은 왜 몰라주는 것일까? 이런 논리를 그냥 묻어둘 수는 없지 않은가?

여기서 내가 한 것은 연구가 아니었다. 그냥 공간물질의 뼈대에 어떤 현상을 갖다대면 저절로 설명논리가 떠올랐고, '공간물질을 상정할 때 이런 현상이 있어야 되는데…' 싶어 관련자료를 찾아보면 정확하게 일치하는 자료들이 튀어나왔다. 그것들을 연결하여 인과관계에 따라 배열하자, 마치 보석이 반짝이듯 빛·핵력·힘·에너지·별·은하·우주의 구성원리 및 실체가 하나씩 하나씩 떠올랐다. '아하! 그래서 이렇구나!!' 감명스러울 때가 정말 많았다.

이렇게 공간물질을 고리로 미시와 거시가 하나의 줄기로 연결되어 있어서, 입자론-우주론에 이르는 일관이론을 완성할 수 있었다. 그 과정에서 논리적 충돌이 발생한 경우는 거의 없었다. 장난감을 조립하듯 그냥 갖다붙이면 연결이 되었다. 공간물질이 진실이기 때문에 가능한 일이다. 학계에서는 예측과 일치하는 자료들이 튀어나오면 증명된 것으로 치부하는데, 그렇게 따지면 본론은 예견된 자료의 집약체이므로 거의 대부분이 검증된 것이라 자신한다.

문제는 미시-거시가 이렇게 맞물려있어서 어떤 현상을 설명하든 결국 공간물질로 귀결된다는 것이다. 그러면 시공간이 종교인 상황에서 즉각 이단으로 치부될 것이기에 누구에게든 말을 꺼낼 엄두가 나지 않았다. 벙어리 냉가슴 앓듯 가슴에 담아두고, 그냥 입을 닫고 살았다. 심지어 자식들에게도 '우주가 어떻고 …' 하는 얘기를 꺼낸 적이 없었다. 책을 읽어달라는 기대도 하지 않았다. 난 그냥 혼자였다. 응답 없는 문 앞에 하릴없이 서 있을 뿐이었다.

그런데 정말 의아스럽다. 시간이 에너지를 가진다는 말, 우주적 질량이 한 점에 응축된다는 말, 우주가 준광속팽창한다는 말, 이게 말이 되는 이야기인가? 그런데 지난 백년, 세기의 천재들이 이 만화 같은 이야기를 복음인냥 신앙해왔다. 아인슈타인의 성공이 너무나 화려했기 때문이다. 시간지연현상의 증거들이 누적되고, 원자폭탄으로 $E=mc^2$이란 공식이 여지없이 증명된 데다, 중력이론은 너무 엄밀하여 의심의 여지가 없었다.

그러나 시공간의 뿌리에서 융기한 소립자론·우주론의 표준모형들이 형언할 수 없을 정도로 기괴한데, 이 부조리를 어떻게 할 것인가?

첫째, 입자를 붕괴시키면 에너지와 8종 렙톤으로 갈라진다. 그럼 렙톤의 조합으로 입자의 구성을 설명하는 게 당연함에도 1/3 · 2/3의 분수전하를 가진 가상입자인 쿼크쌍의 조합으로 설명한다. 그런데 입자가속기에서 빅뱅에 준하는 에너지로 양성자를 짓이겨도 분수전하는 튀어나오지 않는다. 그러자 글루온이란 초강력 고무줄이 쿼크들을 붙잡고 있어서 그렇다 한다. 그러나 완전히 대칭적인 우주에서 전하만 삐뚤게 갈라지는 게 가능한가? 애초에 분수전하 자체가 존재할 수 없는 것이어서 발견되지 않는 것 아닌가?

둘째, 만약 공간물질이 존재한다면 입자의 움직임에 따라 출렁임이 발생하여 다양한 물리현상이 발생할 것은 당연한 일이다. 그런데 진공이라 단정하니 힘과 질량을 입자 스스로 만들어내야 한다. 그래서 전자는 가상광자를 흡수-방출하는 요술적 방식으로 질량을 창출하고, 공간에 거의 무한대의 가상광자를 방출하여 전자기장을 형성한다. 극미의 입자가 왜, 어떻게 이런 신통력을 발휘하는가?

셋째, 특이점이론은 중력이 무한대로 증가하면 필경 점상의 영역에 질량이 응축된다고 한다. 그러나 중력은 질량에서 발생하는 힘이고, 질량은 입자만 가진다. 그럼 입자의 형상이 사라지는 순간 질량이 흩어져 뜨거운 에너지가 분출하는데, 여기서 뼈와 살을 발라내듯 질량만 응축하여 특이점을 형성하는 게 가능한가? 입자가 붕괴하는 순간 무수한 렙톤조각이 비산하는데, 이 건더기들은 어떻게 하고 우주적 질량을 특이점에 욱여넣을 수 있다는 건가?

넷째, 시간은 현상계의 변화를 나타내기 위해 인간의 의식 속에 만들어진 관념체이고, 태초 이후부터 흐르기 시작했다. 그런데 원시

특이점에 시공간이 응축되는 일이 가능한가? 시공간엔 양자 알갱이가 없고, 특이점에선 시간·운동도 정지하는데 양자요동이란 사건이 전개될 수 있는가? 모든 변화는 환경적 조건이 변할 때 발생하는데, 외부 자체가 없는 특이점에서 진공이 스스로 폭발하여 잠열로 변하고, 연이어 공간이 10^{100}배로 급팽창하고, 또 저절로 쿼크-반쿼크쌍이 튀어나오는 일련의 상전이가 가능한 일인가? 팽창의 와중에 중력 수축하여 별·은하를 형성하는 일은 또 어떻게 가능한가?

다섯째, 은하계의 별들은 중력이 강한 중심에서는 공전속도가 빠르고, 원반 외곽으로 나갈수록 느려질 것으로 예측되었는데, 관측결과 중심과 외곽의 별 모두 220Km/s 내외의 비슷한 속도로 공전하고 있었다. 은하계를 형성한 원인적 힘이 중력이 아니라는 사실이 드러난 것이다. 그럼에도 중력이론이 틀릴 리 없다고 생각한 이들은 은하 외곽 30만 광년 너머의 영역에, 은하 질량 6배 내외의 암흑물질이 헤일로처럼 둘러싸고 있어서, 외곽의 별들을 가속시킨다는 결론을 내리고 있다. 그러나 그런 거대 중력원이 어떻게 그런 형태로 밀집할 수 있으며, 왜 어떤 노력으로도 발견되지 않는가?

여섯째, 팽창우주의 가장 강력한 증거는 별빛의 적색편이인데, 60억 광년 저쪽부터 시작하여 우주의 끝을 향할수록 초신성의 적색편이 계수가 급격히 증가하고 있었다. 이에 빅뱅 때 소진되었던 진공에너지가 되살아나, 현재 우주는 광속 94%의 속도로 가속팽창하고 있다는 결론이 내려졌다. 그러나 이 상태에서 우주적 질서유지가 가능할까? 진공에너지가 되살아나는 건 열역학 법칙에 위배되므로 적색편이의 진실성을 먼저 의심해보는 게 순리 아닐까? 대체 시간에너지는 무엇이길래 좀비처럼 끝없이 되살아나는가?

이처럼 입자론-우주론의 표준모형은 원천적으로 성립불가능한 전제와 마법적 상상으로 점철되어 있다. 거기에서 논리적 충돌이 발생하면 게임 캐릭터를 설정하듯 새로운 가상입자를 빚어내어 초월적 능력을 부여하고, 수학으로 검증해내면 그만이다. 에너지의 근원인 시공간이 이승-저승을 넘나드는 혼령처럼 형체가 없기에 가능한 일이다. 시간이란 절대반지 앞에 모든 물리법칙이 무력화되고 있으니, 이 딱딱한 현상계가 마치 홀로그램 우주인 듯 느껴진다.

그런데 기이하게도 완벽하게 검증된 그들의 이론들은 한결같이 현상을 정반대로 설명한다. 공간물질의 존재를 이해하지 못한 데서 비롯되는 착각의 산물이다. 공간의 성분이 입자의 것으로 치환되면 결과가 원인으로 전도되어 입자의 성질이 복마전처럼 기묘해질 수밖에 없다. 그래서 '양자의 세계는 상식을 초월한 세계'라는 자가당착에 빠지게 되는 것이다. 반면 공간물질만 대입하면 입자와 우주의 진실한 모습이 파노라마처럼 눈앞에 전개된다. 이제라도 존재의 진실을 밝혀야 할 때가 되지 않았는가?

*

만약 본론이 맞다면 과학의 패러다임을 바꾸는 혁명적 사건이 될 것이다. 그래서 나 스스로도 '혹시 내가 계획되었던 사람인가' 하는 생각을 해본 적이 몇 번 있었다. 그러나 평생 어떤 섭리나 감응을 느껴

본 적이 없었고, 나 같은 소인배가 그럴 리가 없다는 생각이 앞섰다. 오히려 무위의 삶이 비루하여 늘 달아나고 싶었고, 그만 두고 싶을 때도 많았다. 한번만 빛을 보면 크게 성공할 것 같았지만 끌어주는 손길이 없었고, 문은 항상 닫혀 있었다.

문득 버스 차창에 비친 내 모습이 떠오른다. 부산대 입시를 치르고, 돌아오는 버스에 앉아 주르륵~ 눈물을 흘리는 모습, 난 그런 유형의 영어문제를 본 적이 없었다. 창밖의 하늘은 왜 그리 맑았을까? 후기로 동아대 들어갔다가, 다니고 싶은 학교가 아니었다는 생각에 잡기나 즐기며 되는 대로 지냈다. 바보 같은 인생이었다. 그렇게 허송하다 취업시험 줄줄이 낙방하면서 마치 거대한 절벽 앞에 서있는 느낌이 들었다. 내가 너무 작게 느껴졌다.

오랜 실직생활은 인격적 미성숙으로 이어졌다. 말주변이 없어 입만 열면 마이너스였고, 주식투자는 사면 상투요 팔면 바닥이어서 몇 번이나 깡통을 찼다. 그렇게 힘든 처를 나락으로 빠뜨렸고, 자식들 교육도 외면하고, 사람구실을 하지 못했다. 푼돈 앞에 잔머리가 먼저 돌아가고, 거래처 사람도 속일 수 있는 나 앞에 점차 볼품없는 인간이 되었음을 깨달을 수 있었다. 그래서 내 인생엔 아름다운 추억이 없다. 가끔씩 꾀죄죄한 못난이 행실이 기억을 후벼파면 세차게 나의 뺨을 후려갈긴다. 여자보다 못난 나, 나는 내가 싫다.

혈통도 보잘것없다. 아버지는 재혼, 어머니는 세 번째 결혼, 그래서 성씨가 다른 형제가 세 분이나 계신다. 두 분을 이어준 끈은 당시 어머니가 전남편에게서 물려받은 상당한 재산이었으니, 난 욕망의 씨앗으로 잉태된 존재인 셈이다. 아버지는 거듭된 사업실패로 그 많던 재산 다 까먹으셨고, 우린 십년을 판자촌에서 살았다.

중학 때 공부는 상위권이었으나, IQ 120 정도여서 크게 뛰어나지는 않았다. 고교 땐 집이 싫어 기숙사가 있다는 원예고로 진학했으나, 땅 파는 일에 금방 신물이 났다. 이것이 인생이 삐끄러지는 갈림길이었다. 검정고시를 쳤고, 그때부터 아버지의 건설업이 성공하여 대학을 가면서 염세적 삶이 시작되었다. 그러다 28세 때, 중매결혼 4개월만에 회사가 도산하면서 인생의 출구도 막혀버렸다. 멋모르고 결혼을 저질러버린 착하고 불운한 그녀에게 늘 미안하다.

나의 정체는 한 마디로 우유부단이다. 생각은 많으나 우물쭈물 망설이다 결국 아무 일도 하지 않는다. 시도는 있으나 도전이 없으니 성취가 없었고, 갈구는 있으나 열정이 없으니 밥충이 인생에 불과했고, 용기가 없으니 연애도 추억거리도 없었다. 영민해서 무슨 일이든 잘 해내지만 이것도 저것도 아니어서 써먹을 데가 없는 '어중간한 사람' 그래서 필명도 '어람'이다.

성씨는 손가이면서 孫어람이라 한 것은 가진 자가 군림하는 탐인의 시대, 정을 칭하면서 대중을 속여 권·익을 편취하는 악인의 시대를 지나, 강자가 약자를 보호하여 흩어진 다수의 삶이 평화로와지는... '善人의 사회'에 대한 갈구를 작게나마 새겨놓기 위함이다.

이렇게 주접스런 인생 넋두리, 내게도 유쾌한 일은 아니다. 그러나 혹시 이 글이 반응을 얻으면 '저 자가 어떤 사람일까' 하는 궁금증이 있을 것 같고, 기대가 부풀면 감당이 버거울 것 같아, 주변의 평판에 눈을 감고 솔직히 까는 길을 택하였다. 나는 스스로를 싫어하는 사람이어서 대중에 대한 연민도 없다. 대중을 이끌 능력도 자격도 없고, 대중의 기대에 끌려 고상한 말을 내뱉는 가식적인 삶을 살고 싶지도 않다. 그래서 십수 년 블로그에 댓글창도 열어놓지 않았었다.

글만 내놓고 세상에 나가고 싶지 않다는 심리, 소양부족 때문이기도 하지만 두려운 마음도 큰 것 같다. 감히 표준모형을 전면적으로 부정했지만 과학이 얼마나 엄밀한 연구와 검증을 거친 것인지, 연구자들이 얼마나 대단한 분들인지 잘 안다. 입자와 우주의 속살을 현미경처럼 들여다보는 경이 앞에선 두 손 모아 경외를 표하지 않을 수 없다. 반면 나의 이론은 몇 권 서적과 넷상의 정보를 끌어모은 것에 불과한데, 그들이 전문적 식견으로 가늠질할 때 나를 지켜낼 수 있을 것인가? 옹색한 밑천에 저절로 위축된다.

그럼에도 과학자분들께 권유한다. 표준모형은 시공간의 골조에 지어 올린 바벨탑이어서, 시간에서 에너지가 빠지는 순간 허물어질 수밖에 없다. 반대로 공간물질이 존재할 때 어떤 일이 생길지, 최소한의 시뮬레이션은 해보아야 하는 것 아닌가? 그렇게 시각을 바꾸어 조망해보면 님들 눈에도 표준모형의 근원적 허물이 조금씩 드러나게 될 것이다. 따라서 본론의 디테일한 허물을 찾는 데 집착하기보다는 그 허물을 보완하는 논거를 찾아내면 그것이 님들의 성취가 될 것이다.

짐작컨대 본론에는 십년을 파먹어도 마르지 않는 연구과제가 잠재되어 있다고 본다. 학계의 풍토상 선점하는 이에게 명성이 있지 않겠는가? 지금까지의 과학은 검증된 것만 진실로 인정하는 현상론에 불과했지만, 진정한 학문은 원인적 힘을 찾아내어 현상을 모순 없이 설명하는 것이다. 그러니 도제식 틈새학문의 틀을 과감히 깨고, 입자와 우주의 진실을 밝혀 과학혁명의 길을 이끌어주시길 간절히 기대해본다. 발전은 항상 가지 않은 길에 있을지니~~.

끝으로 작고하신 아버님께서 해주셨던 태몽 이야기를 덧붙여본다.

'창원 천주산 달천계곡에서,

머리가 둘 달린 쌍두용이 개천을 차고 올라가다,

커다란 돌부리에 목이 걸려,

아무리 발버둥을 쳐도 빠져나오지 못했다.'

그러면서 '그것만 차고 올라갔으면 큰 인물이 될 텐데…' 라는 말씀을 덧붙이며 많이 아쉬워하셨다.

그렇다, 지금까지의 나는 돌부리에 걸린 쌍두용이다. 지금 내놓는 이 소책자가 거의 마지막 승부수이니, 이마저 실패하면 나는 이무기가 될 것이다. 이제 선택은 세상이 해줄 것이다.

'나는 이무기가 될 것인가, 승천용이 될 것인가?'

혼돈의 2023년 시월.

선 어 람 큰절 올림.

20

- 차 례 -

제3절. 표준우주모형에 대한 근본적 회의

제5절. 순환우주 모형

제1절. 핵력의 실체를 밝히다.

1. 표준모형의 성립

① 현상계를 구성한 기본물질은 무엇일까? 인류 고래로부터의 의문이다. 그 답을 얻으려면 물질을 궁극의 크기까지 쪼개보아야 한다. 그러다 더 이상 쪼개지지 않는 최후의 소립자(素粒子)를 발견했을 때, 그것을 '기본입자'라 부를 수 있다. 그런데 우리는 물질이 원자로 구성되고, 양성자-중성자가 뭉쳐진 핵의 주위를 궤도전자가 공전한다는 사실을 잘 알고 있다.

그럼 핵자들은 무엇으로 구성되었을까? 그 궁금증을 풀기 위해 거대한 입자가속기를 건설하여 충돌실험을 반복하자, 입자들이 붕괴되면서 다량의 중간자·경입자가 쌍으로 튀어나오는 '쌍생성' 현상이 발견되었고, 에너지를 높여주면 핵자보다 무거운 '중입자'도 검출되었다. 모든 입자에는 질량·스핀·기묘도 등의 물리적 성질이 동일하면서 전하만 반대인 '반입자'가 존재하였고, 〈입자+반입자〉가 만나면 에너지만 남기고 입자적 형상이 소멸되는 '쌍소멸' 현상도 관찰되었다. 경이롭게도 아인슈타인이 예언했던 '질량-에너지 등가성'이 그대로 증명된 것이다.

② 양성자·중성자를 구성하는 기본입자는 무엇인가? 붕괴실험을 통한 양성자의 구성품은 다음과 같다. 〈양성자+반양성자〉를

충돌시키면 에너지와 함께 3개의 파이중간자가 방출되는데, ①π^+중간자는 10^{-8}초만에 뮤$^+$중간자 및 뮤중성미자를, ②π^-중간자는 뮤$^-$중간자 및 반뮤중성미자를 내놓으면서 붕괴하고, ③위의 뮤$^-$·뮤$^+$중간자는 백만분의 2초 후 각각 전자·양전자 및 반전자중성미자·전자중성미자 등을 방출하면서 붕괴한다. 여기서 '중성미자'(뉴트리노 ; neutrino ; ν)란 질량·전하가 없어서 물질과 상호작용하지 않고, 지구를 그대로 관통하는 극미의 미립자이다.

$$\boxed{p + \bar{p}} \Rightarrow \pi^+ + \pi^- + \pi^0 \ (\bar{p}\text{는 반양성자})$$

- $\pi^+ \Rightarrow \mu^+$(뮤중간자) $+ \nu_\mu$(뮤중성미자),

    $\mu^+ \Rightarrow e^+$(양전자) $+ \nu_e$(전자중성미자) $+ \nu_\mu$(반뮤중성미자)

- $\pi^- \Rightarrow \mu^-$(반뮤중간자) $+ \nu_\mu$(반뮤중성미자)

    $\mu^- \Rightarrow e^-$(전자) $+ \nu_e$(반전자중성미자) $+ \nu_\mu$(뮤중성미자)

- $\pi^0 \Rightarrow 2\gamma$(감마선)

π^0중간자는 2개의 감마선으로 붕괴하는데, '감마선'은 전자-양전자가 합체한 고에너지 전자기파(빛)이다. 이리하여 양성자-반양성자는 최종적으로 3개의 감마선 및 4종의 중성미자를 내놓고 소멸하고, 모든 질량은 에너지로 전환된다. 또 타우$^+$입자는 타우중성미자, 반타우$^-$입자는 반타우중성미자를 내놓으면서 붕괴하므로 자연계엔 6종의 중성미자가 존재한다. 〈전자·양전자 및 6종 중성미자〉는 더 이상 붕괴되지 않는 궁극의 입자이며, 이들 8종 소립자를 묶어서 '렙톤'(가벼운 경입자)라 부른다.

③ 문제는 렙톤의 질량이 거의 없다는 것이다. 따라서 이들의 조합으로 양성자·중성자·람다·시그마 등 무거운 중입자의 구성을 설명할 수는 없었다. 이에 물리학자들은 입자가속기에서 발견되는 8종 중입자들의 구성원리를 설명하는 기본입자를 찾아내려고 절치부심하다 '쿼크모형'에서 해답을 찾게 되었다.

쿼크는 '분수전하를 가진 가상의 입자'인데, $+\frac{2}{3}$ 전하를 가진 '업(u)-참(c)-탑(t)' 쿼크 및 각각에 대응하는 $-\frac{1}{3}$ 전하의 '다운(d)-스트레인지(s)-바텀(b)' 쿼크가 가정되었다. 이 6종 쿼크는 각각 반대전하의 반쿼크를 가지므로, 이들을 조합하면 실험실에서 발견되는 모든 입자의 전하·스핀·기묘도 등을 기가 막히게 설명할 수 있었다.

예컨대 양성자의 경우 u-u-d 쿼크가 조합되었다고 가정하면, 각각의 전하 '$\frac{2}{3}$, $\frac{2}{3}$, $-\frac{1}{3}$'을 합해 1가의 양전하가 만들어진다. 중성자의 경우 u-d-d 쿼크를 가정하면 '$\frac{2}{3}$, $-\frac{1}{3}$, $-\frac{1}{3}$'을 합해 전하가 0이 되고, π^-중간자의 경우 '$-\frac{2}{3}$, $-\frac{1}{3}$'의 전하를 가진 $\bar{u}$-d 쿼크를 조합하면 -1가의 음전하가 만들어진다.($\bar{u}$는 반쿼크) 나아가 참·스트레인지, 탑·바텀 등의 무거운 쿼크들이 가속기 충돌실험의 예정된 에너지 구간에서 그대로 발견됨으로써, 쿼크의 존재는 돌이킬 수 없을 정도로 확실하다고 공인된 상태이다.

- π^+중간자 : ud (전하 ; 2/3 + 1/3 = 1)
- 양성자   : uud (전하 ; 2/3 + 2/3 + -1/3 = 1)
- 중성자   : udd (전하 ; 2/3 + -1/3 + -1/3 = 0)

- 람다(Λ^0) 입자 : *uds* (전하 ; 2/3 + -1/3 + -1/3 = 0, 기묘도 : -1)
- 시그마(Σ^+)입자 : *uus* (전하 ; 2/3 + 2/3 + -1/3 = 1, 기묘도 ; -1)

④ 문제는 그러한 확신에도 불구하고 분수전하의 쿼크가 실험실이나 자연계 어디에서도 발견되지 않는다는 것이다. CERN(유럽 입자물리연구소)의 LHC(거대강입자충돌기)에서는 빅뱅에 준하는 에너지로 양성자를 짓이겨도 다른 입자쌍들이 튀어나올 뿐 분수전하의 흔적은 없다. 너무나 당연한 존재가 도대체 왜 발견되지 않는 것인가? 그것은 '글루온'이라는 '게이지입자'(힘을 매개하는 가상의 입자)가 끈끈한 풀처럼 쿼크를 잡고 있기 때문으로 설명되었다.

양자색역학(QCD) 이 그 메커니즘을 정밀하게 설명해준다. 그들은 쿼크모형이 가진 몇 가지 난제를 넘어서기 위해, 차량마다 색깔이 다른 것처럼 6종 쿼크는 각각 성질이 다른 세 종이 있다고 가정한다. ①각 쿼크는 빨·녹·파 중 하나의 색전하를 가지는 데, 같은 색전하 사이에는 척력, 다른 색전하 사이에는 인력이 발생한다. 그래서 ②핵자 속의 세 쿼크는 반드시 서로 다른 색깔을 취해야 한다. 여기서 ③세 색전하가 빛의 삼원색처럼 합쳐지면 무색이 되므로, 현실의 입자는 항상 무색만 취하게 된다. ④중간자는 서로 보색 관계인 쿼크-반쿼크가 결합된 것으로 상정한다.

이처럼 자연계의 입자가 반드시 무색을 취하는 현상을 '색가둠'으로 표현한다. 그러면 자석을 쪼개면 두 개의 자석이 나타나는 것처럼 아무리 큰 에너지로 강입자를 두들겨도 쿼크들이 뿔뿔이 흩어지지 않고, 그 사이에 새로 생겨난 쿼크-반쿼크 쌍이 재결합하여 새로운 강입자들이 튀어나오게 된다. 그래서 분수전하를 발견할 수 없다는 것이다.

⑤ 물리학은 입자가 움직이면 자연계의 기본원칙인 대칭성이 깨어지기 때문에, 배의 평형수처럼 그것을 보정해주는 '게이지 입자'(보손)가 매개되어 자연계의 힘이 발생한다고 본다. ①전자기력은 전자가 가상광자를 방출하여 전파된다는 사실이 공인된 상태이고 ②입자를 변환시키는 약력의 보손인 W^+(더 무거운 쿼크로 변환시)·W^-(더 가벼운 입자로 변환시)·Z^0(W보손 반입자)의 존재도 실험실에서 확인되었다. ③핵력은 가상글루온에 의해 전파되고 ④중력을 전파할 것으로 추정되는 중력자는 발견되지 않았다.

이 중 핵력은 매우 기이한 현상이다. 자석의 같은 극끼리 반발하듯 양성자들은 서로를 배척하지만, 2fm(펨토미터 ; 10^{-16}m) 이하의 거리로 접근하면 오히려 핵력이 발동하여 강하게 들어붙는다. 그 힘은 약력·전자기력·중력보다 훨씬 강력하여 '강력'으로도 불리는데, 특이하게도 핵력은 양성자-양성자, 중성자-중성자 사이에도 발동한다. 이것을 '전하무관성'이라 하는데, 전하 구분 없이 모든 핵자들 사이의 힘은 동등하다.

원인이 무엇일까? 1930년대 H. 유가와는 핵자들이 파이중간자를 주고받으면서 '매력'을 느껴 핵력이 생긴다고 설명하여 노벨상을 받았다. 즉 π^+중간자를 방출한 양성자는 중성자로, 그것을 받은 중성자는 양성자로 전환되고, 역으로 π^-중간자를 방출한 중성자는 양성자로, 그것을 받은 양성자는 중성자가 된다는 식이다. 그래서 핵력과 관련된 양성자·중성자·중간자를 '하드론'(강입자)라 부른다.

반면 QCD에서는 가상글루온이 8차원에서 유래된 8종이 있고 각각 세 종의 색깔을 가진다. 이것이 세 종 쿼크의 색깔을 자유자재로 바꿀 수 있기 때문에, 중간자의 교환이나 충돌이 발생하더라도 즉각 삼원색의 조합을 회복시켜, 현실의 입자는 무조건 무색을 취하게 된다. 즉 백조의 발과 같은 글루온의 조정능력이 가둠현상의 원인이다. 옆 그림이 적-녹-청 삼색 쿼크를 움켜쥔 삼색 글루온의 특성을 잘 표현해주고 있다.

양성자의 구조

가상광자·가상글루온 등의 가상입자는 미량의 질량을 가진 실체적 입자임에도 관측이 불가능하다. 계측기로 관측가능한 10^{-18}초보다 훨씬 빨리 명멸하기 때문인데, 하이젠베르크의 '불확정성의 원리'에 따르면 명멸시간이 짧을수록 에너지는 커지고, 그만큼 활동영역이 좁아져 결합상수는 작아진다.

그래서 양성자 질량의 대부분은 글루온이 가져오고, 쿼크는 핵 내에서 자유롭게 준광속 회전할 수 있다. 세 쿼크의 질량 합 9.4MeV, 글루온까지 합한 질량이 13MeV에 불과함에도, 양성자가 938MeV의 질량을 가지는 것도 운동에너지가 커져 시간에너지가 질량으로 전환되기 때문이다.

쿼크는 서로 반대방향으로 회전하여, -⅓과 상쇄되고 남은 전하가 합쳐져 1가의 양전하로 방출된다. 쿼크(스핀 1/2)의 회전은 글루온 (스핀 1)의 회전력이 더해진 것인데, 글루온이 강력한 에너지로 회전하면서 들끓으면, 거품처럼 다량의 쿼크들이 쌍으로 생성-소멸하는 현상이 연속된다. 이에 '양성자는 3종 쿼크·글루온 외에 다수의 쿼크-반쿼크쌍들로 구성되었다'고 정의된다. 글루온이 이런 에너지를 함축하고 있어서, 충돌실험으로 쿼크 사이의 거리가 멀어지면, 역으로 결합력이 기하급수적으로 증가되어 결코 자유쿼크를 내놓지 않게 된다. 이것을 '점근적 자유'라 한다.

그럼 양성자가 다른 양성자를 전자기력 137배의 핵력으로 끌어당길 수 있는 이유는 무엇인가? 그것은 글루온의 '잔류 힘' 때문으로 설명된다. 예컨대 원자는 핵자-전자의 전하가 상쇄되어 전기적으로 중성이지만, 이온결합·공유결합·금속결합의 방식으로 결합하여 분자를 형성하는데, 여기에는 궤도 밖으로 흘러나간 잔류 힘의 영향이 크게 작용한다. 마찬가지로 강입자들 사이에도 밖으로 흘러나간 글루온의 잔류 힘이 근거리 입자에게 인력을 발휘하여 핵력이 발생하게 된다. 이 힘은 핵자들 사이에서 중간자를 교환하여 발생하는 것으로 기술된다.

ⓖ 한편 강력을 기술하는 QCD와 전자기력을 기술하는 QED(양자전기역학)의 결론들을 종합하여 '표준모형'이라 부른다. 여기에는 가속기 물리학에서 발견해낸 기본입자들이 총망라되는데, 옆 그림에서 보듯이 6종 쿼크, 6종 렙톤, 4종 게이지보손

표준모형의 기본입자

및 빅뱅시 입자에게 질량을 주고 소멸된 전설의 입자 힉스를 포함한 '17종 입자'를 자연계의 기본입자로 상정하고 있다. 렙톤을 쿼크에 대응하는 6종 세트로 맞추려고, 중간자인 뮤온·타우온을 기본입자로 끼워넣은 것이 좀 억지스럽다.

2. 표준모형에 내재된 구조적 의문점

주지하다시피 물리학적 가설은 겹겹의 검증과정을 거쳐 공인되기 때문에 과학엔 거짓이 없다. 점근적 자유, 색 가둠 및 강력에 관한 이론들이 몇 차례나 노벨상을 휩쓸었다는 건 그만큼 QCD가 엄밀한 검증을 받았다는 의미이다. 그러나 상식의 눈으로 볼 때 그냥 신앙하기엔 쿼크모형이 너무나 기괴하여 차마 유다의 의심을 거두기 힘들다. 얼핏 자동차는 바퀴의 회전으로 굴러가는 것처럼 보이지만 엔진이 바퀴를 돌리는 것처럼, '~처럼 보이는 것'이 '~때문인 것'은 아니기 때문이다. 생각해보자.

[1] 과도하게 복잡한 기본입자

태초 이전의 모태우주는 지극히 균질한 상태였으므로 기본입자 역시 단순해야 한다. 그런데 표준모형의 17종 기본입자는 너무 복잡하다. 렙톤·쿼크·보손의 성질도 각각 다르고, 색전하까지 따지면 쿼크 18종, 글루온은 24종이 된다. 그럴려면 시공간에 이미 다수의 이질적 성분이 조합되어 있었어야 하므로 그 순간 대칭성·균질성이 깨어진다. 이렇게 너저분한 입자쌍들이 튀어나와야 할 인과적 연결성도 찾기 힘들다.

특히 양성자-반양성자의 자기모멘트는 10억분의 2까지 일치한다. 시공간이 완벽히 절반으로 갈라져 입자쌍이 생성되었다는 의미이다. 그런데 왜 전하만 1/2이 아닌 ⅓, ⅔로 갈라졌을까? 여기에서 대칭성이 깨어진다면 입자-반입자 사이에도 어떤 불균형이 관측되어야 하건만 양자의 특성은 완전히 동일하다.

갖은 노력에도 불구하고 분수전하가 발견되지 않는 것도 너무 의아한 일이어서, 그 실재성에 대한 학자들의 의구심도 깊어지고 있는 실정이다. 혹시 연구적 편의를 위한 가정이 수학적 완벽성과 맞물려 확신으로 굳어진 착시현상 아닐까?

[2] 쿼크·글루온은 과연 기본입자일까?

핵자들이 중간자를 교환할 때 uud쿼크의 양성자는 $u\bar{d}$쿼크의 중간자를 떼주고 udd쿼크의 중성자로 변한다. 이것은 쿼크에는 질량 고유상태와 약한상호작용 고유상태가 있는데(양자의 관계는 CKM 행렬로 표시됨), 전하가 +⅔에서 -⅓로 바뀌는 약한 상호작용에서는 W⁻, 반대의 경우에는 W⁺보손이 교환되어 쿼크의 종류가 바뀌는 것으로 설명된다. 그러나 두 개의 쿼크를 떼줬는데 여전히 세 개의 쿼크를 가지고 있고, 자신에게 없었던 $\bar{u}\cdot\bar{d}$쿼크를 떼주고, 이미 떼준 쿼크는 여전히 갖고 있다.

이것이 표준모형 바이블에 실린 '오병이어의 기적'이다. 불경스런 의심은 곧 이단이 된다. 그러나 양자의 세계에선 프로그래밍 하듯 캐릭터 설정만 하면 곧 현실적 게임의 규칙이 되는가? 전하가 바뀔 때 아무리 쿼크의 무한변신이 허용된다 하지만, 최소한 질량을 가진 기본입자가 들락거린다면 '쿼크 수 보존의 법칙', 혹은 '에너지 보존의 법칙'은 지켜져야 하는 것 아닌가? 반죽을 떼어붙이듯 자유자재로 빚어진다면, 더 작은 알갱이의 집합체이므로 더 이상 기본입자가 아니지 않는가?

가상글루온의 신묘한 능력도 의아스럽다. 쿼크의 색전하를 자유자재로 뒤섞어 무색의 입자를 척~ 내놓는 기술은 타자의 현란한 손기술을 능가한다. 무릇 힘은 거리의 제곱에 반비례하는데, 원폭이 터지는 정도의 상황에서도 결코 자유쿼크를 내놓지 않는 속성은 순리에 어긋난다. 그럼에도 종적이 묘연하고, 결코 들킨 적이 없으니 초절정 신공이다. 거기다 끈이론은 수십 차원의 개념까지 더하고 있으니, 양자세계는 정녕 초현실적 매트릭스 세계인가? 실험실의 예측된 에너지 구간에서 W · Z보손과 6종 쿼크 등이 차례로 발견되었다 하지만, 분수전하가 아닌데 쿼크가 맞을까?

태초에 핵자가 구성되는 과정도 의아하다. 입자들이 사방으로 비산하고, 공간이 광속팽창하여 서로간의 간격이 기하급수적으로 벌어지는 상태에서, 2fm 이내의 거리에서만 작동하는 글루온은 어떻게 쿼크들을 만나 핵자를 구성할 수 있었을까? 입자의 종류가 달라 처음부터 세트로 생성될 수도 없지 않은가? 공간의 팽창속도만큼 쿼크의 운동에너지는 커지고, u-u, d-d 쿼크는 전하가 충돌하여 서로 반발하고, 최초의 중력은 반경 1Km 정도의 미행성체를 구성해야 발생하므로 쿼크의 질량으로 중력수축은 불가능하다. 그런데 글루온은 어떻게 쿼크들을 끌어당겨 핵자를 구성할 수 있었을까? 시뮬레이션이 불가능한 수준 아닌가?

[3] 양성자의 스핀에 관한 의문

모든 입자들은 각운동량으로서의 스핀을 가지지만, 에너지 덩어리인 강체가 실제로 회전한다는 의미는 아니다. 그렇지만 양성자의 자기모멘트를 측정하려고 자기장이 흐르는 장치 안에 두면 일정한 주파수의 변동이 관찰되므로 고속회전 한다는 사실은 인정되고 있다. P. 디랙도 전자의 자전속도가 광속과 같다는 계산을 내놓은 바 있으니, 이에 연동된 핵자도 준광속 자전한다고 볼 수 있다. 또 그래야만 각각 다른 방향으로 분출되는 세 쿼크의 전하를 믹스하여 1가 또는 0가의 전하를 만들 수 있다.

그런데 삼각형의 쿼크구조로 준광속 자전이 가능할까? 예컨대 u 쿼크의 에너지는 2.4Mev, d 쿼크는 4.8Mev인데, 양성자는 상대적으로 무거운 d 쿼크가 중심을 잡을 수 있지만, 중성자는 가벼운 u 쿼크가 가운데에 있어 매우 불균형하다. 거기다 핵 내에서 글루온의 결속력은 느슨하므로 전하가 충돌하는 u-u, d-d 쿼크는 서로 멀리 떨어질 수밖에 없다. 이 상태에서 준광속 자전하면 원심력이 작용하여 쿼크들은 막대형 혹은 벌어진 깔대기형으로 배열되어야 한다. 그럼 구조가 불균형하여 극심한 세차운동을 견디지 못하고 깨어져야 하는 것 아닐까?

특히 전하가 반대인 반쿼크가 혼재된 중입자의 경우 반쿼크의 스핀방향이 반대이므로, 전자-양전자가 만나면 스핀을 잃고 감마선이 되는 것처럼 스핀이 사라져야 하는 것 아닌가? 그런데 질량은 어떻게 창출할 수 있는가?

[4] 전기장·핵력의 실체에 관한 의문

① 전자기장은 광자의 바다로 규정된다. 전자가 빛을 흡수-방출하는 현상이 일상적으로 관찰되므로, 전자·양전자의 질량 및 전하도 가상광자를 흡수-방출하여 자기에너지가 증폭된 것으로 이해하게 된 것이다. 그럼 쿼크 역시 전하를 가지려면 가상광자를 흡수-방출해야 한다. 그 외에는 전하를 창출할 방법이 없다.

그런데 쿼크가 가상광자를 방출한다는 실험적 증거는 전혀 없다. 더구나 양성자 내부에서 무수한 쿼크-반쿼크 쌍들이 명멸하고 있는 상황에서, 글루온에 붙잡혀 938MeV의 질량을 창출함과 동시에 전하를 동시에 생성하는 일이 가능할까? 미션 임파서블 아닌가? 물리학자들이 과연 이 문제까지 고려해보고 조각전하를 찾아다니는 것인지 의아스런 생각까지 든다.

② 양성자·전자의 회전축 방향으로는 N-S극의 자기장이 흐르므로 전하는 수평방향으로 전개된다고 보는 것이 상식에 맞다. 그럼 극지방의 전하는 상대적으로 약해야 하므로 전기장은 도넛 형태로 분포해야 함에도, 모든 방향에서 거리가 같으면 힘도 동일한 '장'의

형태로 분포한다고 규정된다. 그것이 가능하려면, 세 쿼크의 전하가 내부에서 완전히 상쇄된 후, 잉여전하가 모든 방향으로 균일하게 방출되어야 한다.

그럴려면 삼각편대로 흩어진 쿼크들의 전하가 내부로만 방출되어야 하지만, 각 쿼크의 전하 역시 장의 형태로 방출될 것이므로, 안팎에 동시적으로 분출되는 게 원칙이다. 그래서 쿼크 · 글루온의 잔류힘이 핵력과 분자적 결합의 원인이 된다고 한 것 아니던가? 분수전하를 정수전하로 섞어 밖으로 뿌리는 주체도 글루온밖에 없는데, 질량 · 색전하를 떠안은 데다 가상광자까지 관리한다는 건 현실적으로 불가능한 조건이다.

그럼 오히려 밖에서 섞인다고 보는 건 어떨까? 즉 핵자가 고속 회전하면 삼태극 아리랑 문양처럼 각각 120° 방향으로 방출된 세 가닥 전하가 표면부터 섞이기 시작하여, 2fm의 거리를 넘어서면 완전히 섞여, 상쇄되고 남은 정수전하가 방출될 것이다. 2fm의 거리는 전하가 섞이고 있는, 즉 완전히

삼태극 문양

섞이지 않아 음양의 전기장이 혼재된 구간인 셈이다. 그럼 2fm의 거리를 넘어서면 '+ · - · 0' 전하만 방출되지만, 그 안쪽의 거리에선 인력 · 척력의 역선이 부분적으로 살아있는 상황이 된다.

조금 더 가까이서 들여다보면, 핵자의 회전에 따라 u 쿼크 1개의 ⅔ 전하 중 절반이 -⅓ 전하의 d 쿼크 입으로 들어가버리고, 남은 ⅓전하가 그 옆 u 쿼크의 전하 ⅔와 합쳐져 1가의 전하로 방출될

것이다. 그럼 앞 180° 각도에는 외부로 방출될 전하가 없고, 나머지 180°에서 1가의 전하가 방출된다는 결론이 나온다. 이처럼 앰뷸런스의 경광등처럼 전하가 반쪽으로만 방출된다면 장의 형성 자체가 성립될 수 없다.

그럼 전하는 핵자 크기 수백만 배 거리까지 전파될 정도로 강력하기 때문에, 앞 삼태극 문양처럼 2fm의 거리를 넘어선 구역에서도 역선이 완전히 섞이지 못 하고, 소-밀-소-밀 구간이 중첩된 형태로 퍼져나갈 수밖에 없다. 따라서 전하의 역선은 롤리팝처럼 뚜렷한 경계선을 가진 나선형으로 퍼져나갈 것이고, 핵자가 전하·질량의 불균형으로 심한 세차운동을 하므로, 지그재그 나선형의 형태로 핵자를 겹겹이 감싸, 외관상 장이 형성된 것처럼 보이게 된다.

③ 이런 산술적·기계적 관점의 해석은 핵력을 이해하는 중대한 단서를 제공해준다. 먼저 장의 개념에 따르면 핵자와 궤도전자 사이 역선의 벡터가 직선으로 연결되므로 양자는 즉각 서로에게 달려가 들어붙어야 하지만, 지그재그 롤리팝의 관점에서 본다면 양전하의 벡터는 둥그렇게 말린 리듬체조 리본처럼 수평으로 전개되어 있다. 그럼 전자는 쥐불놀이 깡통처럼 역선의 끈을 붙잡고 수평공전하여 궤도운동을 하게 된다. 이것이 사실이라면 양성자 자전주기와 전자 공전주기가 일치할 가능성이 높다.

이 상태에서 두 개의 핵자가 들어붙으면 어떻게 될까? 2fm의 거리 밖에선 강한 척력·인력이 작용하지만, 그 경계선을 넘어서는 순간 각각 세 개씩의 전하의 역선이 모두 살아나게 된다. 그럼 음양의 전하가 자신과 맞는 짝을 찾아 강한 힘으로 끌어당기게 되고, 두 개의 핵자는 기어의 톱니가 맞물리듯 서로 반대방향으로 회전하면서 음양의 전하를 주고받아 강력하게 들어붙을 수 있다.

이 때 uud-uud 쿼크가 맞물릴 경우 필경 한 군데에서는 u-u 쿼크 사이의 충돌이 발생할 수밖에 없다. 그럼 그 충격으로 한 개의 u 쿼크가 튕겨나가면서 양전자-전자중성미자가 방출되고, 양성자는 중성자로 변하게 된다. 역으로 양자의 회전축이 반대일 경우 uud-ddu 쿼크가 맞물려, 음양의 전하를 순번대로 교환하면서 회전할 수 있기 때문에 강하게 들어붙을 수 있다. 모든 원소가 양성자와 동수의 중성자를 가지는 이유도 이에 기인한 것으로 짐작할 수 있다.

나아가 p-p, n-n 사이에서도 전하의 맞물림이 이루어지기 때문에, 핵력은 모든 핵자들 사이에서 균일하게 작용한다. 그렇지만 1fm 안쪽으로 접근하면 맞은편 쿼크를 핵에서 분리시키는 힘이 작용하므로 오히려 척력이 발생하고, 0.5fm 안쪽에서는 쿼크 자체의 회전이 힘들어지므로 접근이 불가능할 것이다.

핵력의 기이한 성질에 대한 해답이 여기에 있지 않은가? 쿼크의 전자기력만으로 핵력을 충분히 설명할 수 있는데, 굳이 글루온의 힘을 빌릴 필요가 있을까? 질량을 해결할 방법은 또 찾으면 되니까...

3. 핵력에 대한 새로운 이해

[1] 중간자의 구성원리

① 중성미자의 존재이유 물리학에서 중성미자는 유령에 불과하다. 단지 입자 붕괴시 방출되는 찌꺼기에 불과할 뿐 아무런 역할이 없다. 그런데 에너지의 응결체인 입자는 왜 처음에 없었던 건더기를 토해내는가? 애초에 없었던 것을 굳이 '만들어' 토해낼 필요가 없지 않은가? 신은 왜 쓸모없는 것들이 입자에서 튀어나오게 하였을까?

학자들은 에너지가 우주의 전부라 한다. 그것이 갈라져 쿼크-반쿼크 쌍이 생성되고, 그것으로 하드론이 조합되었기에 렙톤마저 에너지의 변환으로 본다. 그러나 양성자-반양성자 쌍소멸은 입자가 '에너지+렙톤'의 조합으로 구성되었음을 눈앞에서 보여주고 있다.

그럼에도 렙톤으로는 질량을 창출할 수 없고, 활동반경이 큰 전자를 핵자 속에 가두어놓는 것이 불가능하다는 이유로 렙톤은 하드론의 구성에서 완전히 배제되어버렸다. 굴러온 돌 쿼크가 신임을 독차지하고, 전자·양전자는 주워온 자식마냥 적통 전하의 신분마저 박탈당해버린 것이다. 그러나 드라마에서는 항상 착한 편이 이기지 않던가?

중성미자는 질량·전하가 없어서 내부구조가 없는 점입자로 규정된다. 현재 태양에서 1cm³당 680억 개가 방출되고, 매초 300만 개가 인체를 통과하고 있으며, 최근엔 극미의 질량을 가진다는 사실이 밝혀지고 있다. 흔히 입자의 종류는 ❶같은 계에 있는 입자들의 위상이 대칭적으로 겹쳐질 수 있는 '보손'과 ❷파울리의 '배타원리'의 지배를 받아 반드시 비대칭이어야 하는 '페르미온'으로 나뉘는데, 중성미자는 좌선회·우선회 두 방향의 스핀을 가진 페르미온 입자이다.

그런데 좌표지점을 점유하는 입자가 실체가 없을 수 있는가? 베타붕괴·핵분열 등의 과정에서 반드시 전자·양전자와 쌍으로 배출되고, 결코 에너지로 전환될 수 없는 기본입자이고, 지하 수 Km 의 깊은 곳에 건설된 검출장비에서 화학반응을 일으키는 물리적 존재라면, 최소한 공간과 구분되는 어떤 경계선, 즉 어떤 부피나 구조를 가져야만 하는 것 아닌가? 너무 작아 관측이 힘들다고 그 존재성마저 부정할 권리는 없지 않은가?

콤프턴 현상에서 금속에 빛을 쏘면 전자를 당구공처럼 튕겨내는 현상, 입자가속기에서 충돌각이 벌어지는 현상, 어떤 충격에도 결코 열화·소멸하지 않고 다른 입자로 전환되는 현상 등을 볼 때 렙톤이 딱딱하다는 것만은 인정되어야 하는 사실이다. 반면 열·에너지는 확산본성만 가질 뿐 입자적 속성이 전혀 없다.

따라서 질량이 에너지의 응축이라는 사실은 인정하더라도 하드론의 딱딱한 속성은 랩톤의 역할로 인정해주는 것이 합당하지 않을까? 손톱·발톱도 역할이 있는데, 렙톤도 최소한의 역할이 있기에 입자에서 튀어나오는 것 아니겠는가?

② 전자-중성미자의 합체 중성미자가 전자-양전자와 함께 배출된다는 것은 역으로 입자 안에서는 붙어있었다는 의미이다.

딱딱한 입자들이 이렇게 맞붙으면 어떤 넓이를 가지게 된다. 이들이 함께 회전하면 내부에 오목한 공간이 생겨 에너지를 담을 수 있는 용적이 생기게 된다. 즉 일단의 렙톤 조각들이 에너지를 담는 그릇의 역할을 할 수 있게 되는 것이다. 그렇다면 '에너지=질량'이란 등식보다 '에너지+렙톤s=질량'이란 등식이 현장증거에 더 부합한다.

위 사실은 렙톤끼리의 결합이 가능함을 의미한다. 전자·양전자가 단독으로는 핵자 속에 들어갈 수 없지만, 중성미자와 쌍으로는 들어갈 수 있다는 의미이다. 그럼 중성미자에게 포획힌 상태에서 전하를 그대로 유지할 수 있는 이유는 무엇인가? '지구본 모형'을 떠올리면 된다. 즉 발광하는 아이들 뒷덜미를 낚아채듯이 두 중성미자가 전자·양전자의 아래-위 꼭지를 마주 틀어쥐면 스핀을 유지할 수 있어 전하의 손실이 발생하지 않는다.

반전자중성미자-뮤중성미자 쌍이 전자를 움켜쥔 상태가 '반뮤중간자'(뮤⁻중간자)이고, 전자중성미자-반뮤중성미자 쌍이 양전자를 감금한 상태가 '뮤⁺중간자'이다. 이를 '뮤전자'라 부르기도 하는데, 전자·양전자의 각운동량이 유지되어 1가의 전하가 온전히 방출되고, 가려진 부위가 좁아 전자·양전자의 성질이 그대로 노출되기 때문일 것이다. 여기에 반뮤중성미자·뮤중성미자가 한 개씩 더 추가되면 'π^-·π^+중간자'가 되는데, 그립이 좀 더 튼튼해져 안정적인 결합상태를 유지할 수 있을 것이다.

③ 쌍생성-쌍소멸 여기까지 도달하면 하드론의 비밀 대부분이

풀려버린다. 먼저 이런 가결합 상태에서 전자·양전자가 팽이처럼 계속 돌면 어떻게 될까? 구조상 좌우대칭이 파괴된 상태여서, 각운동량에 의해 조금 더 큰 반경을 그리며 함께 회전하게 될 것이다. 그럼 내부의 빈 공간이 넓어져 입자의 가속에 사용되었던 에너지의 일부를 감금하게 됨으로써, 주변보다 무거워지게 된다. 그것이 바로 '질량'이니, 뮤온·파이온이 창출해낸 207· 270 전자질량은 입자 자전의 부산물이었던 것이다.

역으로 입자-반입자가 만나면 각운동량이 상쇄되어 회전을 멈추게 된다. 그럼 내부에 응축되었던 에너지가 팽창하면서 껍질을 구성했던 중성미자 조각들이 밖으로 떨어져나가게 된다. 그러면 깨어진 껍데기의 크기만큼 질량이 쏟아져 에너지로 전환되고, 파이온은 뮤온의 단계를 거친 후 전자·양전자의 단계로 붕괴하여 모든 조각이 뿔뿔이 흩어지게 된다. 이어 전자-양전자가 얼싸안고 감마선이 되면 모든 질량은 사라진다.

이것이 바로 '쌍소멸현상'이다. 질량의 에너지화라는 상전이 현상은 물통이 깨지는 것처럼 내외부의 압력차로 껍질이 비산하여 에너지가 흩어지는 현상에 불과하다. 예컨대 물이 얼음·수증기로 변하는 상전이는 에너지의 누출·추가에 따른 형상의 변화일 뿐 분자수의 증감은 일체 없다. 에너지보존의 철칙이 지켜지고 있으니 어떤 신비적 현상도 아니다. 만약 '질량→렙톤+에너지' 주장이 사실이라면 렙톤이 녹아 없어지거나, 질량·에너지에 흡수되는 역상전이 현상도 관찰되어야 한다.

[2] 전하의 근원

양자전기역학(QED)는 전자기장을 기술하는 초초정밀 과학이다. 이론적 완벽성과 경악스런 예측성에 만인이 찬사를 보내고 있지만, 가상광자의 개념만은 정말 수용이 힘들다. 이미 소립자에 관해서는 더 이상 들여다볼 게 없을 정도로 충분한 실험이 이루어졌고, 엄격한 수학적 검증을 거쳐 성립된 이론들이지만, 기본가설에 판타지에 가까운 상상마저 접목된 게 현실이다. 그들은 양자의 세계를 '상식을 초월한 세계'로 규정하지만, 인과론을 벗어난 물리세계가 존재할 수는 없다. 그래서 드러난 현상들을 '상식적' 논거로 재규격화하여 진범의 흔적을 역추적해보고자 한다.

① 가상광자에 대한 의문 전자의 크기는 10^{-18}m 이하, 정지질량은 10^{-27}g(510KeV)에 불과하다. 자신보다 천 배 큰 양성자보다 2천 배 가볍지만 부피 공식($4/3\pi r^3$)으로 따져보면 10^{-9}배나 작음에도 m³당 질량 밀도는 최소 천 배 이상 무겁다. 충격적 수준인데 질량은 어떻게 창출되고, 점입자의 어디에 분포하는가?

QED는 전자가 '가상광자를 흡수방출' 함으로써 자기질량을 창출하는 것으로 설명한다. 전자기장 역시 광자의 바다로 일컬어지고 있으며, 이에 대한 증명은 끝난 것으로 치부된다.

그러나 광자는 전자-양전자가 합체한 것이고, 전자가 통과하는 얇은 슬릿을 통과하지 못 한다. 그런데 반토막 전자가 형님 광자로 요요놀이를 하는 게 가능할까? 수많은 가상광자는 내·외부 어디서 채굴된 것인가? 자신보다 수억 배나 넓은 원자의 공간을 가상광자로 채우는 일은 왜·어떻게 가능한다? 자신보다 2천 배나 무거운 양성자와 맞짱을 뜨는 괴력은 어디서 나온 것인가?

산술적 원칙으로는 질량 0의 광자를 무한대로 곱해도 창출 질량은 0이어야 한다. 그렇지만 가상광자가 '미세한 질량을 가진 실체적 입자'라는 설정으로 이 원칙을 건너뛴다. 불확정성 원리에 따르면 에너지 불확정성 ΔE(델타 E)와 시간 불확정성 ΔT는 반비례 하기 때문에, 가상광자의 명멸시간이 빠를수록 더 큰 자기질량이 창출된다. 그러나 가상광자는 누구시길래 질량에 이어 전하까지 창출하는가? 인력-척력은 왜 발생하는가?

가상광자의 존재에 관해서는 한 치의 의심도 없다. 물체에 빛을 비추면 전자가 흡수한 빛을 구면파로 재방출하여 원자가 꼬마전구 처럼 환해지는 현상, 전자에 자기장을 걸어 진로를 급히 꺾어주면 알몸전자와 분리된 빛의 구름에서 감마선이나 X선이 방출되는 현상, 방사광가속기에서 전자가 곡선주로를 달리면 빛을 방출하는 '제동복사' 현상 등이 관찰되기 때문이다.

그러나 여기에는 중대한 착오가 개입되어 있다. 전자가 흡수한 빛을 재방출하는 것은 맞지만, 스스로 빛을 내는 역의 과정은 존재하지 않는다. 추정컨대 궤도전자는 핵자와 전하를 교환하며 공전하므로, 공전궤도 전면으로는 자기장의 N극, 꼬리 쪽으로는 S극이 방출된다. 그럼 전자의 뒤꽁무니에 광자의 전자쪽이 직렬로 붙거나, 양전자쪽이 회전축을 반대로 하여 붙으면, 자기장이 내부를 관통하여 배출되므로 한 덩어리로 움직일 가능성이 있다. 이 경우 단순한 동행관계에 불과하므로 흡수가 아니다. 그러다 전자가 곡선주로에서 진로를 꺾으면, 광자는 관성에 따라 그대로 직진하여 빛을 방출하는 것처럼 보이게 되는 것이다.

실제로 반토막전자가 형님광자를 꿀꺽 삼켜 빛이 전자의 일부가 된다면 '1+1=1'의 상태인 고에너지 전자B가 탄생해야 한다. 광자의 덩치를 생각하면 상당한 변화가 발생해야 하지 않을까? 그러다가 통상 10^{-8}초 후 그것을 재방출하므로 다시 에너지가 약해지는 진동현상이 관찰되어야 한다. 물론 위 제동복사가 발생 하는 순간 일시적으로 전자의 주행속도가 느려지긴 하지만, 방사된 빛이 전자가 응축한 에너지의 일부를 탈취하여 발생하는 추진력 공백상태에 기인한 것이어서 진동과는 속성이 다르다.

② 전자-양전자의 균열 전자·양전자가 합체하여 빛이 되는 순간 전하가 사라져 둘 사이의 인력도 사라진다. 그런데 둘은 여전히 붙어있고, 떼내려면 더 큰 힘이 필요하다. 대체 어떤 힘을 매개로 붙어있을까? 아마 '양자 사이엔 서로 꼭 들어맞는 돌기 혹은 요철이 있다'는 식의 해답이 적합하다. 입자를 에너지 경단으로 이해하는 물리학자들은 이런 견해에 결코 동의할 수 없겠지만, 에너지라는 절대반지로 존재의 실체성을 밀어버리면, 인과관계에 공백이 발생하여 모든 게 미스터리로 남을 수밖에 없다.

전자-양전자는 왜 형체·구조를 가져야 하는가? 둘이 합체한다는 것은 태초에 하나의 덩어리에서 갈라졌음을 의미한다. 즉 샴쌍둥이인 것이다. 그럼 찢어지는 과정에서 돌기나 요철이 남을 수밖에 없다.

처음 둥글던 것이 절반으로 갈라지면서 흉터가 남았을 것이므로, 아마 해파리와 비슷한 모습을 하고 있지 않을까? 물론 시공간에 심취된 학자들은 입자를 에너지 경단으로 보는 선입견에서 벗어나기 힘들겠지만, 이런 기계론적 시각을 대입하지 않으면 어떤 것도 설명할 수 없다.

균열의 원인과 과정은 정확하지 않다. 그러나 우주상의 모든 입자들이 거울에 비친 것과 똑같은 반입자를 갖는다는 것은, 태초의 대폭발로 생겨난 에너지가 식으면서, 이슬이 맺히듯 좁쌀 같은 미세알갱이가 무수히 형성되고, 다음 단계에서 공간 에너지의 격한 출렁임으로 미세알갱이의 상하에 반대방향의 스핀이 걸리면서, 두 조각으로 갈라졌을 거라는 정도로 추정할 수 있다.

쉽게 말해 지각에 두 방향의 압력이 가해지면 하나는 위로, 하나는 아래로 삐끄러지는 단층이 발생한다. 또 물결이 벽에 부딪쳐 반사되면 각각의 물분자엔 동시에 두 방향의 힘이 가해진다. 이처럼 태초의 공간에 두 방향의 힘이 정면으로 부딪치는 어떤 사건이 있었을 것으로 추정할 수 있다. 역으로 이것은 특이점에서 외부를 향한 하나의 힘만 존재한다는 빅뱅론에 배치되는 설정이기도 하다.

어쨌든 공간이 식으면서 생겨난 미세알갱이가 두 조각으로 갈라져 입자-반입자가 생성되었을 거라는 것은 초등생도 해낼 수 있는 추론이다. 그럼 원상회복의 의지를 가질 것은 당연한 일이다. 그래서 만물이 화학작용에 참여하여 덩어리를 형성하는 것이다.

③ 질량·전하 전자·양전자가 디랙의 계산처럼 광속자전하면

어떻게 될까? 텅 빈 공간에서는 아무 일 없겠지만 물리학적 시공간은 입자들이 명멸하는 진공에너지(영점에너지)의 장으로 규정된다. 그럼 배 부분 넓적한 돌기는 스크루가 바닷물을 휘감듯이 진공에너지를 유동시켜, 가까운 곳의 밀도가 먼 곳보다 높거나 낮은 소밀차가 발생할 수 있다. 전자-양전자는 반대방향으로 회전하므로, 밀물-썰물처럼 끌어당기고-밀어내는 두 방향의 유동이 발생하여, 양자 사이엔 인력이 발생하게 된다. 이것이 '전하'이다.

동시에 자전속도가 워낙 빠르므로 일부 에너지가 미처 배출되지 못하고 뒤쪽에서 밀려드는 에너지에 짓눌려, 돌기 안쪽의 움푹한 부분에 압축될 수 있다. 그럼 주변보다 압축된 양만큼 무겁게 관찰되는 '질량'이란 현상이 발생하게 된다. 물레방아처럼 그것을 가두는 뚜껑이 없기 때문에 질량은 고인물이 아니라 흘러가는 물이며, 내부에 응축되는 것이 아니라 복부 주변에 중첩된다. 관측상 전자의 중심부로 들어갈수록 질량이 트릿해지는 현상이 이의 증거일 수 있다.

그러면 입자의 기본질량은 움푹한 틈새의 용적과 회전반경이 결정하고, 회전속도의 증감에 따라 미세한 증감이 발생하게 될 것이다. 온도가 높아지면 입자의 회전속도가 빨라지고, 운동속도가 빨라지면 전면 공간에너지의 압축도가 높아져 질량이 늘어난다. 화학반응에서 발열-흡열반응이 발생하는 이유도 상호작용으로 회전속도의 증감이 발생하여 미세질량이 누출 혹은 추가되기 때문이다. 가상광자로 이런 가변성을 설명할 수 있는가?

또한 입자가 회전축의 수평방향으로 전하를 밀어내려면 회전축의 상하로 공간에너지를 흡입하여 질량으로 가둔 다음 방출해야 하고, 반대로 끌어당길 때는 질량으로 응축된 다음 회전축의 상하로 배출해야 할 것이다. 이것을 '자기장'이라 부를 수 있다. 따라서 자기장은 '질량에 동반되는 힘'으로 규정되며, 중성자처럼 전기장 없는 자기장은 있어도, 자기장 없는 전기장은 존재할 수 없다.

전자의 질량·전하·자기장 모두 공간에너지의 유동으로 발생하는 것이어서, 전자가 움직이면 평형상태가 깨져 소밀차의 분포도가 함께 이동한다. ①정지전하가 움직이면 전류가 발생하고, ②평행한 도선에 전류가 흐르면 서로를 밀거나 당기는 힘(F)이 발생하고, ③코일 속에서 자석을 움직이면 전기가 발생하는 전자기유도, ④2개의 코일을 맞붙여놓으면 2차 코일에 반대방향 전류가 흐르는 유도전류 등도 모두 전자의 유동이 공간에너지의 소밀차라는 2차적 유동을 초래하여 발생하는 현상이다.

그렇다면 가상광자가 아닌 '스핀이 질량·전하의 근원'이라고 규정되어야 한다. 입자는 그냥 프로펠러처럼 회전만 했는데, 공간의 보이지 않는 무언가가 유동하여 각양각색의 물리현상을 만들어낸 것이다. 그래서 쌍소멸로 회전을 멈추면 모든 것이 사라진다. 물론 물리학에서 스핀은 각운동량을 나타낸 것으로서 실제 입자가 회전한다는 의미는 아니다. 하지만 쿼크·글루온마저 준광속 회전하는 상황에 공허한 메아리일 뿐이다.

◈ 진공에너지의 속성에 관해서는 이 글의 말미에서 상론하고자 함 ◈

④ '싱글렛' 현상이 초강력 증거이다. 전자는 상향-하향 중 한 방향을 취하는 1/2의 스핀을 가지는데, 밀폐된 용기 속에 일단의 전자를 채워두면, 서로를 밀쳐내다 상향-하향의 두 전자가 한 덩어리로 들어붙는 싱글렛 현상이 관측된다. 이때 2가의 음전하를 가지면서 자기장은 사라지므로, 회전축이 뒤바뀌어 서로 맞보는 N-S극 사이에 인력이 발생했다고 볼 수 있다.

그럼 음전하끼리의 충돌은 어떻게 극복할 수 있는가? 이것을 설명할 수 있는 단 하나의 방법은 전하가 경광등처럼 한쪽으로만 방출된다는 것이다. 사방으로 균일한 힘을 방출하는 전자기장·가상광자의 개념으로는 불가능한 현상이지만, 반쪽 전자의 개념으로는 당연한 귀결이다. 그럼 자기장으로 맞물린 두 개의 전자는 마치 싱크로나이즈드 댄스를 하는 것처럼 등-배, 배-등이 번갈아 교차하면서 회전하여 전하의 충돌을 피할 수 있게 된다.

싱글렛은 전하가 한 방향으로 방출됨을 증명하므로, 돌기의 회전이 전하의 근원이라는 사실도 인정되어야 한다. 전하는 크기·질량·반입자를 가진 실체적 입자만 가질 수 있는 것이다. 그런데 가상광자는 무엇을 가지고 있는가?

따라서 '전하는 전자·양전자의 전유물'로 규정되어야 하며, 중국의 역사·문화공정처럼 가상광자가 탈취해간 전하를 처음의 주인에게 되돌려주는 것이 상규에 부합한다. 소립자의 진실을 밝히는 출발점으로서 '전자 전하 복권운동'이 절실하다.

⑤ 비현실적 쿼크 동일한 논거에서 양성자에는 조각전하의 쿼크가

아닌 3개의 전자·양전자가 들어가야 한다. 예컨대 uud 쿼크의 양성자는 $u\bar{d}$ 쿼크의 π^+중간자를 떼주고 중성자로 전환되는데, 파이온은 두 개의 쿼크를 가지고도 양성자 질량의 15%에 불과하다.

두 쿼크만 있으면 자유도가 높아져 운동속도가 더 빨라질 것 아닌가? 쿼크·글루온이 기본입자라면 어디에 붙어있던 기본질량은 보장되어야 하는 것 아닌가? 또 파이온에서 중성미자 하나가 떨어져나간 뮤온은 질량이 23% 줄어들었을 뿐인데, 기본입자로 분류되면서 쿼크는 순식간에 사라지고, 전자·양전자가 전하의 주인이 된다. 변검술 수준의 갖다붙이기인 것이다.

더욱 치명적인 약점은 힘에 관한 것이다. 척력은 서로 마주보는 배에서 캐치볼을 하면 운동에너지에 의해 밀려나는 것으로 설명되고, 인력은 서로 공을 주고받으면서 끌리는 힘이 생긴다고 설명된다. 운동에너지에 양방향 힘이 내재되었다는 말, 쉽게 수긍이 되시는가?

중성자가 반중성자라는 반입자를 가지듯 반가상광자라도 있으면 좋겠건만, 자웅동체인 광자는 자신이 자신의 반입자이다. 그런데 이 하나의 공으로 척력·인력을 동시에 만든다는 건가? 고무줄도 아닌데 어떻게 인력이 발생할 수 있는가? 전기장이라는 망망대해를 가득 채운 가상광자들은 왜 여전히 관측되지 않는가?

이런 수많은 이유들로 가상광자의 개념은 수긍이 힘들다. 그 작은 쿼크들이 가상광자로 분수전하를 만드는 모습은 연상이 불가하다. 핵자 안의 좁은 공간에서 인력-척력이 소용돌이치는데 왜 서로 들어붙거나 멀어지지 않는지도 의아스럽다. 물론 쿼크모형이 엄밀한 검증과정을 거치기는 하였지만, 이상과 현실 사이에는 항상 괴리가 발생하듯, 수학적 완벽성에도 불구하고 조각전하의 실존은 불가능하다.

[3] 파이온의 합체

한 걸음 더 나아가 보자. 실험실에서 파이온의 수명은 26 나노초에 불과하지만 500초를 견뎌 태양에서 지구까지 건너온다. 상대성이론은 준광속 운동하면 시간이 정지하는 효과로 설명하지만, 본론은 전면에서 고밀도로 짓눌린 공간에너지가 입자를 둘러싸, 내-외부의 압력차가 줄어들었기 때문으로 해석한다.

그런데 태초의 공간은 초고온의 상태였을 것이므로 파이온·타우온이 입자의 기본상태였을 것이다. 이 상태에서 π^+-π^-중간자가 만나면 어떻게 될까? 당연히 전하에 이끌려 들어붙을 것이고, 코어의 전자-양전자 알맹이가 쏙 빠져나가 감마선이 되면, 그것들 주변의 중성미자 조각들이 후두둑 떨어져나갈 것이다. 그런데 뮤온의 경우엔 전자의 많은 부분이 노출된 상태여서 반입자를 만나면 쉽사리 쌍소멸하겠지만, 파이온은 제법 넓게 감싸고 있어서 전자-양전자가 직접 살을 맞대는 데는 조금 제약이 있어보인다.

일단 초근접 상태에서 음양의 전하가 강력하게 끌어당기면 각운동량이 상쇄되어 회전수가 급격히 줄어들게 되고, 극미의 순간 일부의 에너지가 누출됨으로써 둘 사이를 벌리는 팽창압력이 발생할 수 있다. 그러다 양자의 배-등이 맞보는 상황이 발생하면,

전하와 자기장의 역선이 충돌하여 등을 맞댄 쪽을 세차게 튕겨내는 압력이 발생할 수도 있을 것으로 상상된다.

그러면 양자는 싱글렛처럼 회전축 상하의 자기장이 맞물려 있으므로 마치 폴더블폰이 펼쳐지는 것처럼 아래위로 벌어져 깔때기 모양을 취하게 된다. 그러면 양자의 전하는 상쇄되어 0이 되지만, 회전방향이 일치하므로 함께 회전하여 더 많은 질량을 함축할 수 있다. 이것이 K^0중간자이다. 여기에 π^+중간자가 상하의 한 곳에 덧붙으면 K^+중간자, π^-중간자가 덧붙으면 K^-중간자가 된다.

케이온은 주로 우주선(우주에서 쏟아지는 입자의 다발) 속에서 발견되는데, K^+중간자의 경우 63%는 $\mu^+\nu_\mu$의 형태로 붕괴되고, 나머지는 $\pi^+\pi^0$또는 $\pi^+\pi^+\pi^-$ 등의 형태로 붕괴된다. 세 개의 파이온이 결합하여 1가의 양전하를 발휘하는 모습을 확인할 수 있다.

[4] 양성자의 조합 : 중간자 모듈인가 쿼크인가?

① 타우입자 본 모형으로 양성자를 조합하려면 상당한 편법을 동원해야 한다. 먼저 뮤온의 질량이 전자의 207배, 파이온이 270배, 케이온이 1,000배 가량인데. 양성자는 1,836 전자질량을 가진다. 그럼 셋 중 한 개는 파이온보다 무거운 중간자가 조합되어야 양성자를 조립할 수 있는데, 유력한 중간자인 타우입자는 그 두 배인 3,600 전자질량을 가진다. 이 난국을 어떻게 타개할 것인가?

먼저 태양에서 쏟아지는 입자들의 대부분은 감마선, 파이온, 타우중성미자의 형태로 지구에 도달한다. 그렇다면 양성자에 타우중성미자가 포함되는 것은 당연해보인다. 여기서 핑계거리를 찾아본다면 타우입자가 현실의 것이 아니라 실험실에서만 검출되는 계산상의 입자라는 것이다.

가속기에서 전자와 양전자를 충돌시키면 에너지보존의 법칙을 깨고 전자+반뮤온 혹은 양전자+뮤온이 함께 튀어나온다. 이것을 설명하려면 그 이전에 타우+반타우입자가 먼저 생성되었다가, 3×10^{-12}초만에 붕괴하여 위 입자쌍과 4개의 중성미자가 배출된다고 보아야 한다는 것이다.

따라서 그 질량은 가속기에서 응집반응이 일어나는 에너지 구간을 의미하는 것이지 실제의 질량이 아니다. 예컨대 톱쿼크의 질량은 업쿼크의 10만 배에 이르는 등 지나치게 높은 에너지 구간에서 검출되기 때문에, 현실세계로 나올 땐 일정비율로 보정되어야 한다는 계산이 나와 있기도 하다.

또 측정상 타우입자의 크기가 전자와 비슷한 10^{-18}m 이하의 점입자이므로, 타우중성미자의 크기도 전자중성미자보다 과도하게 클 수는 없다. 크기가 10만 배나 차이나는 것들이 쌍으로 배출될 수는 없기 때문이다. 따라서 '2파이온+1타우입자'의 조합으로 핵자의 구성을 설명해도 크게 무리하지는 않다.

② 중간자 모듈 각각 서너 조각의 렙톤이 세트로 조합된 파이온·타우온은 핵자를 구성하는 기본단위가 된다. 일종의 '중간자 모듈'인 셈인데, 분수전하 대용의 '정수전하 쿼크'로 상정하면 정확하다.

양성자의 모습은 적도 위에는 무거운 타우입자, 아래에는 $\pi^+ \cdot \pi^-$

중간자가 회전축을 반대로 하여 맞붙어 있다고 상정할 수 있다. 그럼 3중간자의 회전방향이 일치하여 한 방향으로 회전할 수 있다. 이때 $\pi^+ \cdot \pi^-$중간자는 정면으로 맞보는 게 아니라, 타우온의 양쪽에 깔때기 형태로 벌여져 3각편대를 구성하고 있으므로, 전자·양전자 쌍소멸이 발생하지 않는다.

이렇게 중간자 쿼크로 입자의 구성을 설명하면 물리법칙을 벗어날 필요가 없다. 타우온에 -1의 기묘도를 가진 s 쿼크의 속성을 부여하면, 8종 중입자의 구성도 훨씬 수월하게 설명할 수 있을 것이다. 쿼크모형 앞에 있었던 사까다 모형에서는 $p \cdot n \cdot \Lambda$(람다) 입자를 기본입자로 설정하여 중입자의 구성을 설명한 바 있는데, 정수전하를 조합했다는 점에서 차라리 인간적이다.

각 모듈들은 고속회전하면서 톱니바퀴처럼 맞물려 돌아가기 때문에 모듈 사이의 결합력은 상당히 느슨하다. 점근적 자유라는 쿼크의 모습 그대로이다. 이들이 붕괴되면 처음 가졌던 정수전하를 그대로 내놓는 것이기 때문에 가상글루온 따위는 존재할 필요가 없다. 또 타우중성미자로 인해 회전반경이 커져 1,836전자질량이 발생하는 것이므로, 태초에 질량을 주고 사라졌다는 신화 속의 힉스입자도 별 필요가 없다.

③ 증거들 쿼크의 증거로 제시되는 충돌실험의 결과들도 오히려 본 모형에 더 적합하다. 첫째, 〈양성자-양성자〉 충돌실험의 경우 제트가 옆이 아닌 앞뒤로 퍼지면서 10여 개의 파이온이 생성되는데, 이는 모듈별로 분해되기 때문에 발생하는 현상이다.

둘째, 저장링에서 〈뮤온으로 양성자〉를 두들겼을 때, 대부분은 그대로 뚫고나가는 궤적을 보여주지만, 몇 군데 점과 충돌했을 때엔 산란각이 직각에 이를 정도로 옆으로 퍼진다. 이것을 쿼크끼리의 충돌로 해석하지만 전자-양전자가 정면충돌 하는 현상으로 보는 것이 옳다. 쿼크들은 자유자재로 변신하면서 다른 쿼크와 상호작용해야 하기 때문에 이렇게 딱딱한 구성을 가질 수는 없다.

셋째, 〈전자-양성자〉 충돌실험에서도 양성자 내에 그 직경에 비해 매우 작은 몇 개의 전기를 띤 핵으로 구성되었음을 알려주는 현상들이 발견되는데, 당연히 전자·양전자가 그 주인공이다.

넷째, u 쿼크의 질량 2.4MeV, d 쿼크의 질량 4.8MeV임에 비해 전자의 질량은 0.5MeV에 불과하다. 그런데 쿼크가 하드론의 가운데 부분에 떠 있을 때 유효질량이 전자 정도로 아주 작게 나타나고, 대부분의 질량은 전기적으로 중성인 물질의 포텐셜 에너지에 의해 구성되는 것으로 해석되고 있다. *이건 뭔가?* 전자·양전자의 존재를 X레이 사진처럼 보여주고 있지 않은가? 동시에 이것은 중성미자의 껍질이 질량의 근원임을 밝혀주는 것이다.

다섯째, 쿼크가 핵 내에서 매우 자유롭게 행동하며, 쿼크 사이의 결합력은 외부 핵자와의 핵력보다 약하게 나타난다고 하는데, 3개 중간자 모듈이 맞물려 돌아가기 때문에 자유롭게 행동하는 것이며, 전자·양전자의 전하가 외부를 향해 방출되기 때문에 핵력보다 결합력이 약하게 나타나는 것이다. 중간자모듈 모형에 대한 더 이상의 증명이 필요한가?

[5] 핵력의 근원 및 중성자의 구성

① 양성자는 적도 아래에 두 개의 π모듈이 위치하기 때문에 위쪽보다 두 배의 추진에너지를 가진다. 그래서 자기장 속에 넣으면 옆 그림처럼 심한 세차운동을 한다. π^+가 방출하는 양전하의 역선은 π^-의 입으로 들어가고, π^-의 역선은 π^+가 삼키는 형상이어서 2개의 전하는 상쇄된다. 그럼 위에 타우$^+$ 입자가 있으면 양성자가 되고, 타우$^-$입자가 있으면 반양성자가 된다.

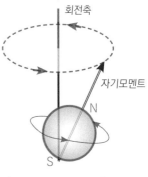

(양성자의 세차운동)

따라서 전하는 장의 형태로 넓게 분포하는 것이 아니라 호스에서 내뿜는 물줄기처럼 한 가닥의 역선으로 분출된다. 그런데 양성자가 심한 세차운동을 하므로 털실을 동그랗게 감는 것처럼 지그재그로 말리게 되고, 전자는 카우보이 로프처럼 회전하는 전하의 끈을 잡고 공전하여, 핵자를 완전히 감싸게 된다.

이게 사실이라면 전자는 궤도 속에서 자유공전 하는 게 아니라, 자신과 1대1로 매치된 양성자의 자전주기와 동일한 주기로 공전한다는 의미가 된다. 이때 궤도전자가 자전하면서 핵자와 반대방향으로 몸을 돌리게 되면 음전하-양전하의 역선이 동시에 원자밖으로 누출되는 현상이 발생하게 된다. 이것이 잔류 힘의 근원이다. 원자·분자 사이의 거리가 까까워졌다 멀어졌다 하면서 진동하는 이유의 절반은 이의 영향일 수 있다.

또한 철28과 같은 중원소에서 안팎 껍질의 전자 모두 동일주기로 공전하므로, 안쪽 K껍질 전자의 공전거리가 가장 짧고, 바깥쪽 궤도로 나갈수록 공전속도가 빨라진다는 역설이 나오게 된다. 멀어질수록 힘이 약해진다는 법칙에 대한 중대한 위반인 것이다.

② **핵력의 실체** 두 양성자가 2fm 이하의 거리로 접근하면 어떻게 될까? 〈상향-상향〉으로 접근할 경우 적도 위 타우$^+$의 양전하끼리 충돌하기 때문에, 자석의 같은 극끼리 고개를 돌리듯 아래-위로 삐끄러져 사선으로 들러붙을 것이다. 그럼 타우$^+$가 맞은편 π^+-π^- 와 얼굴을 맞보는 상태가 되는데, 2fm 안쪽으로 접근하는 순간 π^+와 상쇄되던 π^-의 역선이 꿈틀대면서 밖으로 뻗어나가, 맞은편 타우$^+$의 역선과 맞물리게 된다.

이 상태에서 반바퀴만 더 회전하면 타우$^+$는 π^+와 마주치게 되는데, 바로 맞붙어 있기 때문에 강렬한 전하의 충돌이 발생하게 된다. 그럼 순간적으로 덩치가 작은 π^+ 모듈의 양전자가 피융~ 튕겨나갈 것이다. 동시에 한쪽 꼭지를 잡고 있던 전자중성미자도 튕겨나가고, 양전자는 궤도전자를 만나 감마선이 될 것이다.

남겨진 뮤중성미자 · 반뮤중성미자는 맞은편 타우입자에 흡수될 가능성이 높다. 그러면 양전자를 잃은 양성자는 중성자가 되고, 적도 아래에 남은 π^-모듈이 맞은편 타우$^+$모듈과 1대 1로 전하를 교환하면서 회전하여, 강한 인력으로 들러붙게 된다.

반면 회전축이 반대인 〈상향-하향〉 양성자가 맞붙으면 어떻게 될까? 역시 전하의 충돌 때문에 타우$^+$-타우$^+$가 맞붙지는 못하고,

적도 아래의 π^+-π^- 끼리 마주보게 된다. 그럼 이들의 역선은 맞은편 π^--π^+와 맞물려, 톱니바퀴처럼 서로 반대방향으로 회전하면서 강력하게 들어붙게 된다.

핵 내에서 두 양성자가 전하의 충돌을 일으키지 않고 오히려 초강력 인력을 발휘하는 미스터리에 대한 해답이 여기에 있다. 그러나 상향-상향 스핀일 경우 필경 양전자 베타붕괴가 발생할 것이므로, 핵 내의 양성자들은 반드시 1대 1의 비율로 상향-하향 스핀을 취해야 한다. 따라서 p-p 결합에서 핵력이 발생할 확률은 50%일 것으로 추정할 수 있다.

위 결론이 맞다면 궤도전자의 절반은 공전방향이 서로 반대여야 하는데, 이게 현실성이 있을까? 순간 당혹감이 느껴져 위의 기술을 보류해야 하는 것인지 번민이 느껴졌다. 그런데 돌이켜보니 '파울리의 배타원리'는 같은 궤도상의 전자쌍은 반드시 상향-하향 스핀의 비율이 일대일이어야 한다고 규정하고 있었다.

전율이 느껴지는 순간이었다. 배타원리는 전자의 고유한 속성이 아니라 양성자와 1대 1로 매칭된 결과였던 것이다. 따라서 핵 내 상향-하향 양성자의 비율이 비대칭적이라면 배타원리도 무너지게 될 것이다. 일대일 매칭이 가능하려면 전하가 전기장의 형태가 아닌 한 줄기 역선으로 뿜어져나가야 한다. 서로가 로프의 양쪽 끝을 맞잡은 상태가 되어야 하는 것이다. 중간자 모듈의 조합으로 양성자를 구성한 본 모형이 전적으로 옳았던 것이다.

궤도전자가 행성들과 달리 황도면에 정렬하지 않고 무질서하게 지그재그로 공전하여, 운무처럼 핵을 감싸는 '전자구름'을 형성하는 이유도 분명해졌다. 양성자의 세차운동 때문이었다. 불확정성의 원리에서 전자의 회전속도가 너무 빨라 '위치와 속도를 동시에 측정할 수는 없다'고 했었는데, 양성자 역시 같은 주기로 자전하면서 발광하듯이 회전축을 뒤집기 때문에, 각 핵자들은 정해진 위치 없이 핵의 안팎으로 뒤섞이게 될 것이다.

③ 그럼에도 핵자들의 결합이 깨지지 않는 이유는 무엇인가? 당연히 중성자 때문이다. 양성자 적도 아래의 π^+-π^- 모듈이 갈때기 형태로 붙어있고, 타우입자도 홀로 돌출된 상태여서, 중성자가 있어야 모든 각도에서 톱니처럼 전하가 맞물려 돌아갈 수 있다. 핵 내에 동수의 양성자-중성자가 존재하는 이유도 여기에 있다.

이처럼 격렬한 세차운동은 당연히 핵자들의 안정성을 흐트린다. 각 중간자 모듈 사이의 간격은 넓어졌다 좁아졌다 할 것이고, 인근 핵자와의 맞물림에 유격이 벌어지면 순간순간 전하의 충돌이 발생한다. 그러면 상대적으로 결합력이 약한 중간자 모듈이 튕겨나가 맞은편 핵자에 들어붙어, 양성자-중성자의 위치가 뒤바뀌게 된다. 따라서 중간자의 교환은 애정표현이 아닌 '충돌의 파편'에 불과하므로, 이런 간헐적 사건이 핵력의 원인일 수는 없다.

'전하의 초근접 맞물림'이 핵력의 근원이므로 핵력은 양성자-양성자, 양성자-중성자, 중성자-중성자 사이에도 균일하게 작용한다. 원자가가 높은 원소들의 경우 핵자들이 서로의 어깨를

탄소14의 원자핵

짚는 위치에서 결합하기 때문에 공 모양으로 빈틈없이 뭉쳐지게 된다. 핵력이 전자기력 136배의 세기를 가지는 이유도 2fm의 거리까지 밀착하여 전하의 손실이 전혀 없기 때문이다.

핵융합시 질량결손이 발생하는 이유는 핵자들 사이의 강력한 결합력이 끈끈이처럼 서로를 잡아 당기는 효과를 발휘하여, 엔진 브레이크가 걸린 것처럼 자전속도에 미세한 지체를 초래하기 때문에 미량의 에너지가 누출되는 것으로 추정된다. 반대로 철보다 무거운 원소는 핵융합시 오히려 무거워지는 것은 그릇이 커져 핵자의 껍질 밖으로 누출되는 에너지가 줄어드는 것으로 해석하고 싶다.

④ 2e중성자와 4e중성자

문제는 한 양성자가 맞은편 양성자로부터 π^-모듈을 빼앗거나, 내어줄 경우 2개 모두 중성자가 된다는 것이다. 한 개는 4개의 모듈을 가진 '4e중성자', 빼앗긴 놈은 '2e중성자' 상태이다. 학계에서는 질량·전하가 같으면 같은 입자로 취급하지만 아래 반응식에서 보듯이 2종의 중성자는 필연적이다.

- $p + n \Rightarrow n + n + \pi^+$; 충돌 전엔 2e중성자 → 양성자가 π^+ 방출

  $\Rightarrow p + p + \pi^-$; 충돌 전엔 4e중성자 → 중성자가 π^- 방출

- $p + p \Rightarrow p + n + \pi^+$; 양성자에서 π^+ 튕겨나갔으므로 2e중성자

- $n \Rightarrow p + e + \bar{\nu}_e$; 4e중성자가 베타붕괴를 하면서 양성자로 변함

이처럼 부속품의 종류에 따라 정반대의 반응이 일어난다. 2e중성자와 4e중성자의 질량이 공히 1,839전자질량으로 동일한

것은 명확히 설명하기가 어렵다. 하지만, 전자현미경으로 볼 때 중성자가 알몸으로 보일 때도 있고, π^-중간자의 빛구름에 싸여있는 모습으로 보일 때도 있다. 후자는 덩치 큰 타우입자 옆에 추가된 파이온이 완전히 밀착하지 못하고, 엉거주춤 한쪽이 붕 뜬 상태로 회전하기 때문일 것이다. 그럼에도 이들은 같은 입자일까?

1950년대에 유명했던 '타우-세타 퍼즐'도 마찬가지이다. 앤더슨의 거품상자를 통과하는 우주선의 비적에서 3개의 파이온으로 갈라지는 '타우중간자'(타우입자와 종류가 다름)와 2개의 파이온으로 갈라지는 '세타중간자'가 발견되었는데, 세발형에서 대칭성이 파괴되는 외에는 다른 물리적 성질이 동일하였다. 이것을 약력이 작용하는 베타붕괴에서는 대칭성의 파괴가 일반적이라고 결론짓고 'K중간자'로 통칭하였다. 그러나 본 모형으로 따져보면 구성품이 틀리고, 붕괴양식도 다르다.

직관적 느낌으로는 핵 내에서 2e중성자 대 4e중성자의 비율이 1대1일 때 가장 이상적으로 돌아갈 것으로 추정된다. 그럼 양성자-양성자, 양성자-중성자가 파이온을 교환하거나, 2e중성자가 4e중성자 아래위의 모듈 2개를 동시에 탈취하여 K^0중간자까지 왔다갔다 하는 등의 다양한 교차가 이루어질 수 있다.

K^0중간자는 $d\bar{s}$혹은 $s\bar{d}$ 쿼크를 가진 것으로 표기되는데, 양성자uud·중성자udd가 갖지 못한 기묘쿼크 $s \cdot \bar{s}$가 핵 내에서 왕래하는 기괴함에 대한 답이 될 것이다.

4e중성자가 상대적으로 많이 포함된 원소에서 4e중성자끼리

마주치는 상황이 발생하면, 전하의 교환에 참여하지 못하고 왕따처럼 따로 노는 현상이 발생한다. 그러다 전하가 충돌하면 핵자의 껍질 밖으로 슬며시 밀려나오는 '터널링현상'도 발생한다. 그럼 엉거주춤 붙어있던 π^-모듈의 전자가 요동하다, 그립이 약한 반전자중성미자를 탄피처럼 튕겨내면서 총알처럼 튀어나간다. 이리하여 자유중성자는 610초만에 베타붕괴를 하면서 양성자로 전환된다. 중성자의 평균수명은 약 15분이다.

⑤ **약력** 전자를 내놓는 베타붕괴나, 파이온이 뮤온·전자의 단계로 붕괴하는 것을 약보손의 작용으로 설명하지만, 실상은 내외부의 압력차로 차수벽이 허물어지듯 중성미자 껍질이 떨어져 나가는 현상이다. 즉 질량밀도의 차이가 붕괴의 원인이므로 약보손은 존재할 필요가 없다. 그래서 온도가 올라가거나, 운동속도가 빨라지면 수명도 기하급수적으로 늘어난다. 핵력도 전하의 작용이므로 가상글루온 역시 존재할 필요가 없다. 중력의 근원인 질량 역시 핵자의 스핀에서 발생하므로 중력자도 존재하지 않는다.

나비의 날개짓과 같은 단순한 행동이 공간에너지의 유동을 초래하여 천변만화의 변화가 생겼음이니, 전자의 스핀이 곧 우주적 힘의 발원지였다. 처음부터 하나였던 힘을 굳이 '통일장'이라 부를 이유가 없다. 단지 거리에 따라 달리 관찰되었을 뿐이다. 이처럼 현상의 실체를 파악하면 모든 신비가 사라져버린다.

4. 쌍생성·쌍소멸현상의 진실

[1] 8분균열모형

물리학자들이 눈앞의 렙톤을 외면하고 조각전하의 개미지옥에 빠져든 근본원인은 쌍생성이 렙톤의 공급 없이 이루어졌다는 데 있을 것이다. 그러니 $E = mc^2$의 공식에 따라 가속에 투입된 에너지가 질량화된 것으로 생각할 수밖에 없었다.

그러나 초신성 폭발 등에서 아무리 거대한 잠열이 솟구치더라도 그것만으로 쌍생성이 발생한 전례는 없다. 쌍생성은 가속된 입자들 사이에 '충돌'이란 사건이 발생했을 때만 발생한다. 중대한 착오가 개입되어 있었던 것이다. 그럼 충돌의 의미는 무엇일까?

생각해보자. 전자-양전자가 결합하는 것은 하나의 깨알에서 갈라졌기 때문으로 보았다. 그렇다면 3종 중성미자-반중성미자 역시 깨알 하나가 둘로 갈라졌다고 보아야 한다. 그럼 태초의 공간은 4종의 깨알을 형성해야 한다. 그런데 중성미자가 전자·양전자와 결합하는 이유는 무엇일까? 역시 같은 뭉텅이에서 갈라져나왔기 때문 아닐까?

그렇다면 이 8조각 모두 한 덩어리에서 갈라져나와야 하므로, 태초의 알갱이, 즉 원시경단이 8조각으로 갈라져서 8종 렙톤이 생겨났다고 보는 게 옳다. 그러면 태초의 공간은 단 한 종의 알갱이만 형성하면 되므로 대칭성·균질성의 원칙을 최대한 충족한다. 지극히 편평하고 균질하고 대칭적인 태초의 시공간에서,

17종 기본입자가 솟아나왔다는 표준모형의 결론 자체가 지나치게 자의적이고 도발적인 것이었다.

균열의 원인은 두 방향 공간에너지가 정면으로 충돌했기 때문으로 본다. 그럼 먼저 위-아래의 큰 덩어리가 뭉텅 떨어져나가 타우중성미자-반타우중성미자가 되고, 가운데 남은 슬라이스가 수직으로 뒤집히면서 다시 충격을 받아 4종 중성미자가 갈라져나오고, 복숭씨처럼 중심에 남은 심지가 둘로 갈라져 전자-양전자가 되었다는 식으로 상상해볼 수 있다. 즉 '8분균열 모형'이다.

8분균열모형

[2] 공간의 격자구조

균열 다음에는 어떤 일이 벌어질까? 살이 찢겨진 고통을 최소화하려는 원상회복의 노력이 전개될 것이다. ❶전자-양전자의 손을 잡은 중성미자 세트는 한 덩어리로 회전하여 하드론-반하드론의 쌍이 되고, ❷운좋은 일부는 빛 알갱이를 가운데에 끼워넣고 '완전한 환원소멸'에 성공한 경우도 있을 것이다.

그럼 입자의 구성에도 참여하지 못하고, 환원합체에도 실패한 중성미자들은 어떻게 될까? 그냥 낱알로 영원히 우주를 떠돌고 있을까? 그러나 우리는 뮤온 옆에 뮤중성미자가 덧붙어 파이온을 형성하는 모습을 보았다. 이것은 중성미자끼리도 팔짱을 낄 수 있음을 의미한다. ❸그럼 코어를 비워둔 채로 6종 중성미자만 공처럼 뭉쳐질 수도 있지 않을까? 단, 전자-양전자가 없어서 움직일 수 없으므로, 그냥 바다 위 부이처럼 공간을 둥둥 떠다니고 있을 것이다. 이것을 '뉴트리노 볼', 줄여서 '뉴트볼'로 부를 수 있다.

빅뱅 후 138억 년이 지난 지금까지 별에서 쏟아진 어마어마한 중성미자 조각들은 광속으로 공간을 이동하다, 마주치는 중성미자 덩어리에 빈자리가 있으면, 서로의 손을 끌어당겨 쏙쏙~ 빈틈을 채우게 될 것이다. 따라서 우주공간엔 어마어마한 숫자의 뉴트볼들이 매우 촘촘한 간격으로 배열되어 있을 것이다.

실제로도 태양에서 날아오는 중성미자 수가 예측된 양의 1/3 정도에 불과하여, '태양 중성미자 문제'가 크게 부각된 적이 있었다. 일본의 수퍼카미오칸데 검출기로 중성미자의 수를 검출한 결과, 상공 20~30km의 성층권에서 날아온 중성미자수에 비해 지구 반대편 대기에서 12,000Km를 날아온 중성미자수는 절반에 불과하였다. 이것을 먼 거리를 날아오면서 다른 중성미자로 '진동변환'하여 숫자가 줄어든 것으로 설명하는데, 이빨 빠진 뉴트볼들을 상정하면 그런 변신·잠적이 불필요해진다.

뉴트볼들은 스스로의 운동능력은 전혀 없지만 부피만큼의 공간적 영역을 차지하므로, 진공에너지를 압축하는 효과가 발생한다. 그럼 소밀차를 최소화하여 평형상태에 이르려는 에너지의 본성에 따라, 뉴트볼들은 일정한 간격으로 배열될 가능성이 높다. 그럼 ▦형태의 직렬형 배열보다는 ▩형태의 지그재그식 배열이 압력의 균형상태에 가까우므로, '다이아몬드형 격자구조'로 배열될 것이다.

[3] 파동성의 근원

그럼 즉각 빛이 왜 파동의 형태로 진행하는지 이해가 된다. 공간의 장애물을 피해가는 과정인 것이다. 그러나 30만Km/s라는 엄청난 속도를 감안하면 스키어가 깃대 사이를 활강하듯 요리조리 빠져나가지는 못할 것이다. 오히려 만취한 사람이 이쪽 담벼락에 툭~, 저쪽 전봇대에 쿵~ 부딪치듯 뉴트볼과 충돌하면서 진행한다고 보는 게 옳다. 그 순간 내부에 함축된 미량의 에너지가 쏟아져 '전기장'으로 관측되고, 그 직각방향에서 공백부분으로 유입되는 에너지의 흐름이 '자기장'의 형태로 관측되는 것이다.

덩치가 큰 양성자는 더더욱 이 충돌을 피해갈 수 없다. 쿵~ 부딪치는 순간 입자의 형상이 허물어졌다가 다시 회복하는 명멸현상이 나타날 것이다. 이런 현상 때문에 양성자의 개념을 '쿼크+글루온'의 조합으로 설명하지 못 하고, 글루온의 광폭한 회전운동으로 생성되었다 명멸하는 수많은 쿼크쌍 중의 하나로 정의하고 있었던 것이다.

양성자의 구조
(네이버 지식백과)

물분자의 기묘한 춤은 뉴트볼의 존재를 더욱 극명하게 보여준다. H_2O는 산소 원자 한 개에 수소 원자 두 개가 깔때기 모양으로 붙어있는데, 다음쪽 그림에서 보듯이 수소원자들은 팽이처럼 ①바퀴모양 ②물레방아모양 ③후프모양 등의 형태로 돈다. 또 각 원자들은 ⓐ동시에 산소로부터 멀어지거나 ⓑ번갈아 하나씩 멀어지거나 ⓒ세 원자가 해체되었다가 다시 결합하는 등 형언할 수

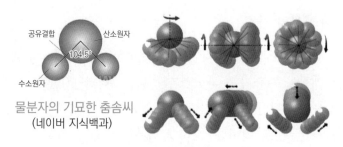

물분자의 기묘한 춤솜씨
(네이버 지식백과)

없는 기묘한 춤을 춘다. 원인이 무엇일까?

지구는 30Km/s, 태양은 220Km/s, 은하계는 600Km/s의 속도로 공전하고, 은하단·초은하단의 공전속도는 그보다 몇 배 빠르다. 그러면 격자구조를 헤쳐나가는 과정에서 격렬한 충돌이 발생한다. 이때 산소원자의 스핀에 따라 수소원자와 뉴트볼이 충돌하는 각도가 달라지기 때문에 다양한 춤사위가 나오게 된다.

기묘한 춤은 여기서 끝나지 않는다. 원자는 매초 450조 바퀴씩 자전하고, 고체분자 속의 원자집단들은 어떤 중심 부분 주위를 매초 천억 번씩 회전하며, 그 와중에서도 일단의 원자들은 전후 좌우로 움직여 서로 간격을 좁히거나 넓히면서 매초 10조 번씩 진동한다. 액체상태에서는 위의 공전-진동운동이 다소 방해를 받는 대신 결합축의 진동수가 거의 10배 증가한다.

격자구조의 모습이 눈에 보이지 않으시는가? 이처럼 결코 파동일 리 없는 분자·물체마저도 미세한 파동성을 띠면서 진동하기에, '물질파'라 부르면서 '입자-파동 이중성'을 입자의 본질이라 한다.

나아가 공간을 진행하는 입자들의 무수한 명멸현상에 착안하여, 물리학자들은 시공간을 마치 기포처럼 '진공에너지가 명멸'하는 에너지의 장으로 규정하고 있다. 모두 착시의 산물이다. 거기에서 에너지의 실체에 관한 의심이 사라져, 관찰된 현상만으로 존재의 본성과 실체를 규정하게 된 것이다.

궤도전자가 여러 껍질에 나뉘어 분포하는 기이함도 뉴트볼의 장애물 때문일 것이다. 핵자로 직진하는 순간 뉴트볼에 부딪쳐 튕겨나가기 때문에 몇 개의 껍질에 나뉘어 그 틈새로 공전하는 것이다. 바깥쪽 궤도로 여기되거나 안쪽으로 천이할 때도 뉴트볼에 부딪쳐 왈칵~ 궤도전환이 이루어지므로, 사선의 궤적이 아닌 계단식의 '퀀텀점프'가 이루어진다.

에너지를 가하면 전자가 여기되면서 다양한 파장의 빛을 흡수하지만, 반드시 10^{-8}초만에 토해내면서 다시 천이하는 미스터리도 뉴트볼과 충돌하여 꽁무니에 붙은 빛알갱이가 떨어져나가는 현상이며, 방사광가속기에서 전자가 커브를 돌 때 빛을 방출하는 제동복사 역시 충돌의 산물로 해석되어야 한다.

양자의 세계를 상식을 초월한 신비의 세계로 규정하게 된 이유도 바로 공간에서 주어진 특성을 입자의 성분으로 치환해버렸기 때문에 발생하는 일이다. 일견 전자는 빛을 흡수-방출하는 것처럼 보이지만, 자체발광한다는 증거는 전혀 없고, 이젠 흡수한다는 사실조차 인정하기 힘들다. 가상광자 및 글루온은 착시·논리비약의 산물인 것이다. 검증한 것만 진실로 인정하는 현상론적 연구방법의 함정인 셈이다.

[4] 쌍생성의 비밀

입자가속기에서 가속된 입자가 정지입자를 때리면 어떤 일이 일어날까? 마치 댐이 터진 것처럼 가속에 투입된 에너지가 주변으로 퍼져나가면서, 인근 뉴트볼들의 틈새로 쓰나미처럼 밀려들어갈 것이다. 그럼 렙톤 조각들이 비산될 것이고, 이때 가운데에 광자가 채워져 있었다면 그것도 분해되어 전자·양전자가 반대 방향으로 튀어나갈 것이다.

그 순간 인근에 흩날리던 중성미자가 그들의 손을 잡고 함께 회전하면, 주변에 퍼진 에너지를 응축하여 '입자-반입자가 쌍으로 발생하게 된다. 이것이 '쌍생성'현상이다. 그럼 쌍소멸은 처음 조합되었던 재료 그대로 내놓는 과정이므로, 쌍생성-쌍소멸 사이엔 어떤 미스매치도 없다. 마술의 비밀이 드러나면 싱겁기 짝이 없듯, 에너지의 질량화라는 신비적 현상은 에너지보존의 법칙에 따른 형상의 변화에 불과했던 것이다.

실험실에서 발견되는 무수한 중입자들 역시 우연적으로 다량의 렙톤이 조합된 후, 펨토초만에 흩어지는 '공명상태'에 불과하므로 결코 현실의 입자일 수 없다. 태초든 언제든 그런 입자는 존재한 적이 없다. 단지 렙톤과 에너지만이 솟아났는데, 전자-양전자의 회전이 천변만화한 상전이를 일으켜 현상계가 탄생한 것이다.

물을 쏟으면 낮은 곳으로 흘러 퍼지듯이, 에너지의 본성 역시 팽창과 확산이다. 그것은 밀도만 있고, 전하도 매개입자도 없어서 결코 스스로 뭉쳐질 수 없다. 질량화를 위한 단 하나의 방법은 물을 뜨는 것처럼 그릇에 담는 것이다. 그것이 바로 전자·양전자를 포획하여 한 덩어리로 회전하는 중간자 모듈이다. 이 물통과 같은 껍질 안에 에너지가 응축되어 질량·전하·스핀이라는 입자의 속성이 나오게 된다.

질량의 에너지화란 역의 과정은 물통이 깨져 물이 쏟아지는 현상과 같다. 물이 얼음·수증기로 상전이해도 입자수가 보존되는 것처럼, 입자의 붕괴는 그냥 물통이 깨진 만큼 물이 쏟아지고, 큰물통-중간물통-작은물통 단계로 깨어지고 나면 최종적으로 물과 파편들이 남는 것이어서, 구성부분엔 어떤 변화도 없다. 입자를 분해하면 최종적으로 남는 것, 그것이 전부이다. 그 끝을 보면 시작을 알 수 있는 법 아니던가?

제2절. 빛의 참모습

제2절, 빛의 참모습

1. 빛의 이중성

광학은 근대물리학의 출발점이었다. ❶18C 뉴튼은 빛을 '미립자'로 가정하고 프리즘을 통해 분광 · 굴절 · 반사 · 합성 등을 설명하였지만, ❷1801년 T. 영이 이중슬릿 실험으로 두 개의 슬릿을 통과한 빛이 스크린에 간섭무늬를 만드는 ▬▬▬▬▬ 현상을 증명하자 빛은 파동으로 인식되었고, ❸A. 프레넬은 빛이 종파임을 밝히고 수학적으로 체계화하여, 공간에는 빛을 전파하는 미립자로서의 '에테르'가 충만해있다는 인식이 확산되었다.

❹반면 J. 맥스웰은 빛의 속도가 전자기파와 동일한 30만Km/s 라는 사실을 밝히고, 빛을 전자기파의 일종으로 규정하면서 에테르가 점점 불필요하게 되었다. ❺이에 에테르의 존재를 검증하기 위한 간섭계실험도 실패하였고 ❻H. 헤르쯔가 금속에 특정 주파수의 빛을 비추면 전자가 튀어나오는 광전효과를 발견하자 ❼아인슈타인은 이것을 광자가 전자를 구슬처럼 튕겨내는 현상이라고 해석하면서 빛을 포톤이란 입자로 규정하였고, 광속일정의 법칙을 확립하자 고전물리학은 수명을 다하게 되었다.

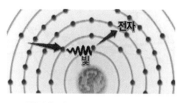

광전효과 ; 빛이 전자를 튕겨냄

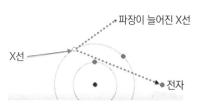

콤프턴효과 ; 빛-전자가 당구공처럼 튕김

❽M. 플랑크는 에너지가 뭉텅뭉텅 비연속적인 덩어리의 형태로 방출됨을 밝혀 '양자'라는 개념이 대두되었고, ❾전자의 발견자인 J. 톰슨은 X선이 점상 영역에 집중되어 있음을 밝혔다. ❿특히 콤프턴효과는 감마선·X선과 같은 고에너지의 빛이 물질의 원자와 충돌하면 빛과 전자가 당구공처럼 삼각형으로 벌어지면서 튕겨나가 입자성을 확인해주었고, 이때 전자가 빛의 에너지를 일부 흡수하여 빛의 파장이 늘어지는 '콤프턴산란'이 발생하였다.

이처럼 빛의 입자성은 확고하지만 기이하게도 물질과 상호작용할 때는 파동처럼 행동한다. 매질 속을 투과하거나 굴절할 땐 평면파의 형태로 진행하고, 회절할 땐 구면파처럼 행동하며, 물결파처럼 보강간섭·소멸간섭을 일으켜 밝고 어두운 영역이 번갈아 교차하는 '간섭무늬'를 만든다. 허공을 진행할 때도 전기장과 자기장을 직각으로 방출하는 '전자기파'의 형태로 진행한다.

파동의 형태는 흔히 횡파와 종파로 나누어진다. 횡파란 양손으로 길다란 스프링을 잡고 한 손을 아래위로 흔들 때처럼 마루와 골이 교차하면서, 횡으로 떨며 진행하는 파동인데, 전자기파는 동시에 수직-수평 두 방향의 횡파를 방출한다는 점에서 매우 특이하다.

광파의 진행방식

종파란 스프링을 앞뒤로 흔들 때처럼, 한 놈이 앞에 놈을 두들겨 튕겨낸 후, 자신은 반동으로 되튕기다, 다시 뒤에 놈에게 두들겨맞아 앞으로 전진하는 파동인데, 전진운동과 후퇴운동이 뒤섞여 입자들이 밀집한 구간과 소한 구간이 교차되므로 '소밀파'라 불린다.

특히 공기·물과 같은 매질의 알갱이들은 '공모양'으로 진동하면서 압력의 균형점을 찾아가는데, 충격이 발생하여 뒤쪽 입자가 압축해들어오면 압력이 약한 직각 방향의 입자들을 두들겨 충격을 옆으로 전달함으로써 동심원의 물결파를 형성하게 된다.

여기서 횡파는 에너지원이 직접 가로떨기를 하며 지그재그로 달려나가는 것인 반면, 종파는 매질이 충격을 대신 전달하는 것으로 생각할 수 있다. 입자는 국소의 영역에 집중된 존재인 반면 파동은 넓은 영역에 퍼져서 편재하는 것이어서, 입자이면서 파동인 존재는 원천적으로 불가능하다. 그런데 빛은 입자성-파동성을 동시에 가진 이중적 존재로 규정되고, 물질파란 개념까지 등장하였다.

이미 언급하였듯이 원인은 격자구조와의 충돌 때문이다. 격자구조 사이를 빠져나가는 동작이 파동으로 보이는 것일 뿐 그 실체는 전자-양전자가 합체한 입자이다. 파동의 형태로 진행한다는 것과 파동인 것은 전혀 별개의 문제인 것이다.

예컨대 눈에 보이지 않을 정도로 빠른 뱀이 있다 치자. 그럼 그냥 구불렁거리면서 진행한 것이지 파동으로 변신한 것은 아니다. 전기장-자기장이 교차하는 것은 옆으로 튕기는 모래알이나 뱃전에서 갈라지는 물살처럼 빛이 지나간 흔적일 뿐 그것이 빛이 함축한 에너지의 크기를 규정하지는 않는다.

단적으로 말해 빛은 격자구조가 길을 열어주는 대로 진행하는 입자여서 회절도 간섭도 하지 않는다. 빛은 공간을 헤집고 다니면서 공간이 생긴 모습을 있는 그대로 보여줄 뿐이다. 이렇게 격자구조를 대입하여 들여다보면 지금까지 빛에 대해 알아왔던 결론들 모두가 정반대였음을 알게 된다. 그 허상을 하나씩 벗겨보기로 하자.

2. 빛의 퍼짐

빛의 직진성은 불변의 진리처럼 회자된다. 그러나 격자구조의 존재를 알고나서 가장 당혹스러웠던 것은 '직진이 어떻게 가능한가' 하는 것이었다. 광자·뉴트볼 모두 당구공처럼 둥글어서 입사각도가 조금만 달라져도 반사각이 극과 극으로 틀어질 것이다. 더구나 빛의 에너지·크기도 천차만별이어서 격자 간격에 맞는 일부는 직진하겠지만, 나머지는 다양한 각도로 산란되어야 하는 것 아닌가?

따라서 본론에서는 '빛의 직진이 불가능하다'고 본다. '산란되지 않은 빛만 직진'하고, 전면 격자들의 배열이 일그러져 있으면 거기서 또 굴절한다. 일찍이 R. 파인만은 빛의 회절을 설명하면서 '경로합이론'을 제시한 바 있는데, 그의 가정 그대로 '빛은 가능한 모든 경로로 진행'하며, 심지어 우주공간·달나라를 거쳐 다시 돌아오는 빛도 존재할 것이다. 물론 레이저는 직진한다 하겠지만 그것은 단일파장의 결맞은 빛이어서 그런 것이다.

그런데 알고 보니 전문가들에게도 '빛의 퍼짐현상'은 설명

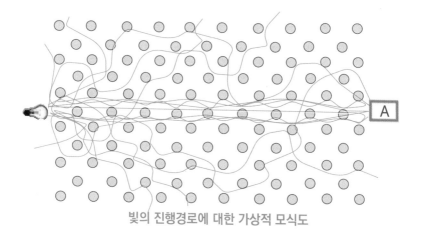

빛의 진행경로에 대한 가상적 모식도

자체가 불가능한 미스터리로 남아있었다. Eugene Hecht의 명저 「광학」(조재홍 외 2인 역, 자유아카데미, 2018) 교과서에도 이런 의문이 잘 드러나 있다.

스크린에 할로겐화 은을 바른 후 빛을 쏘면 할로겐-은이 분리되면서 착점이 드러나는데, 빛을 한알씩 쏘는 기술은 없기에 스크린에 어떤 영상을 비추려고 '수천 개'의 광자로 이루어진 아주 약한 빛을 조사하면

❶ 개개의 광자들은 예측이 불가능한 지점에 도착하며

❷ 각각의 광자는 예측이 불가능한 시점에 스크린에 도달하며

❸ 더 많은 빛을 조사하여 수천만 개의 착점이 누적되면 매끄러운 영상이 형성되었다.

'빛이 공간과 시간 상에서 예측할 수 없는 방법으로 에너지를 운반'하는 미스터리를 설명할 이론은 본론 외엔 없다. 동일 시점에 발사되어 동일 거리를 진행한 빛의 도달시간이 어떻게 다를 수

있는가? 그러나 앞쪽 모식도를 상정하면 고개가 끄덕여질 것이다. 각 광자마다 진행 코스가 다르고, 돌고돌아 진행하는 거리가 달라서 스크린에 도달하는 착점·시점이 달라지는 것이다. 그래서 '스크린 위의 한 점에서 측정한 복사조도 값은, 그 위치에서 광자를 검출할 확률에 비례한다'는 식의 결론이 내려졌다.

특히 「광학」 67쪽에 소개된 들뜬 광자의 실험은 격자구조의 존재를 직접적으로 증명한다. 아래 그림에서 보듯이 원자를 가열하면 빛이 방출되는데, 좁은 슬릿을 통과한 빛은 가느다란 궤적 그대로 스크린에 도달해야 하지만, 에너지를 가해 들뜨게 만들면 빛은 전후좌우로 튕기면서 모든 방향으로 퍼지게 된다.

아무 장애물이 없는 허공에서 왜 산란되는가? 빛의 진로를 가로막고 충돌하는 무언가가 있어야 가능한 현상이다. 이것은 에너지가 추가되어 빛의 덩치가 커진 결과 격자와 부딪치는 각도가 달라져 사방으로 산란되는 것이다. 보이지 않으시는가?

천문학에서도 강력한 증거를 제시하고 있다. 메릴랜드대 J. 프랜슨은 17만 광년 거리의 초신성 1987A에서 출발한 빛이

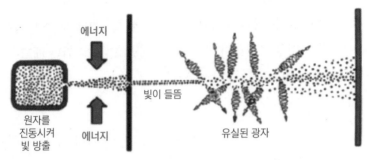

들뜬 광자 - 에너지를 가해 빛이 들뜨면 사방으로 튕겨나가면서 퍼짐

중성미자보다 4.7시간 늦게 도착하는 현상이 발견되었다고 하였다. 만약 17억 광년 떨어졌다면 무려 4.7만 시간에 이르는 엄청난 지체이다. 이것은 광자가 중간에 전자-양전자로 분리되었다 다시 합체하는 '진공편광'이란 양자효과 때문으로 설명되었다. 그러나 크기·파장이 극미한 중성미자와 달리 빛은 덩치가 빵빵해서 먼 길을 돌아다닌 것으로 보는 것이 옳다.

이렇게 격자구조를 상정하면 지금까지 빛에 대해 알아왔던 모두가 뒤집힌 진실이었음을 알게 된다. 굴절·산란·반사·투과·회절 등 빛에 대한 모든 결론들이 그렇다. 공간에서 벌어지는 일을 입자의 소행으로 오인하여 정반대의 결론을 내리게 된 것이다.

3. 빛의 산란

① 전자가 빛을 흡수-방출하는 메커니즘

햇빛은 대기분자와 상호작용하여 ❶소산흡수 ❷공명산란 ❸비공명 탄성산란 ❹선택흡수라는 4가지 형태로 산란된다. 태양 에너지에는 X선-자외선-가시광선-적외선-전파에 이르는 다양한 파장의 전자기파가 혼합되어 있고, 가시광선은 대략 380~780nm (나노미터 ; 10^{-9}m) 사이의 선스펙트럼이 혼합된 백색광이다.

전자가 빛을 흡수하는 공명산란은 전자기장에 의해 유도된다.

① 빛이 뉴트볼과 충돌하여 (+) 전기장을 흘리면 양전하의 역선이 희석되어 전자가 광자 쪽으로 몸을 돌리면서 서로를 끌어당김

② 다음 순간 빛은 직각 방향 자기장의 유입으로 전기장이 사라지

므로, 전자-양성자는 서로의 역선을 놓치고 각자 엉뚱한 방향으로 전하를 방출하여, 처음 중성이었던 원자가 '전기쌍극자'가 되어버림 광학에서는 이것을 '외부 전기장이 매질을 음전하-양전하로 분리시키고, 이것이 추가적인 전기장을 만든다'면서 '전기분극'으로 표현함

③ 다음 순간 전자는 양전하의 역선을 되찾아 정상공전을 회복하고, 이미 전자에게 이끌린 빛은 전자의 뒤꽁무니로 돌진함

④ 전자의 뒤꽁무니로 방출되는 (+)자기장의 역선이 빛의 전자쪽 내부를 침투한 후 후면으로 배출되면서 (+)자기장 방출. 반대방향으로 접근하면 양전자의 (-)자기장 쪽으로 전자의 (+) 자기장이 침투하여 합체가 가능함 ⇒ 외관상 빛을 흡수하는 상태임

⑤ $10^{-8} \sim 10^{-9}$초가 지나면 전자가 다음 뉴트볼과 충돌하여 뒤꽁무니의 빛과 유격이 발생함

⑥ 이 충격으로 빛이 (+)전기장을 방출하면서 전자의 (+)자기장과 정면으로 충돌하여 서로를 세게 튕겨냄 ⇒ 광학에서는 이것을 '마치 총을 쏜 것처럼 반동이 발생하여 서로 반대방향으로 튕겨나간다'고 표현함

이로써 반토막 전자가 형님광자를 흡수-방출하는 원리가 충분히 설명되었다. 특히 반동이 발생한다는 점이 인상적인데, 전자기장이 원인적 힘이었음을 적나라하게 증명하는 것이다. 장의 형태에서는 불가능한 현상이므로 이 역시 중간자 모듈을 지지하는 증거이다.

이처럼 양자는 단순한 동행관계에 불과하기 때문에, 흡수 전-후의 빛의 주파수에는 변함이 없다. 그러나 합체가 이루어진 상태에서는 빛의 주파수에서 파생되는 진동이 발생하기 때문에, 원자계는

진동하는 쌍극자의 상태에 있게 된다. 이것이 초당 1억회씩 반복되는 공명산란의 특징이다.

② 비공명 산란

반면 대기를 구성한 질소·산소는 가시광의 파장에서는 공명대가 없다. 그래서 궤도전자가 빛을 흡수-방출 하는 과정을 거치지 않고, 전자기파의 출렁거림으로 인해 강제진동 하면서, 초당 수억 개의 광자를 전후좌우상하의 모든 방향으로 흩뿌린다. 그 결과 일단의 광속들이 상호간섭하여, 원자 주변으로 둥그런 구면파가 방출되는 것처럼 보이는데, 이것을 '2차구면작은파'라 부른다.

이러한 진동은 물결이 출렁이는 것처럼 빛이 흘리는 전기장-자기장의 영향으로 밀당의 힘을 받아 전자의 스텝이 흔들리는 상태일 뿐 에너지를 교환하면서 상호작용하는 것은 아니다. 빛을 흡수-방출하는 과정이 없기 때문에 진동만으로 진로를 바꾼다고 보기는 힘들다. 파생적 현상이 원인일 수는 없기 때문이다. 그럼 빛은 어떤 힘에 의해 전방위로 산란되는 것일까?

원자를 둘러싼 격자구조의 방사선형 배열 때문이다. 양성자의

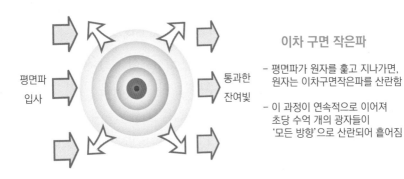

평면파
입사

통과한
잔여빛

이차 구면 작은파

- 평면파가 원자를 훑고 지나가면,
  원자는 이차구면작은파를 산란함

- 이 과정이 연속적으로 이어져
  초당 수억 개의 광자들이
  '모든 방향'으로 산란되어 흩어짐

질량 938MeV는 상당한 에너지가 밀집된 상태여서 주변 공간에너지의 밀도에 상당한 소밀차를 발생시키게 된다. 그럼 뉴트볼들은 반발력이 약한 핵자 쪽으로 왈칵~ 짓눌리므로, 외견상 핵자가 뉴트볼들을 빨아들이는 효과가 발생한다. '시공간이 왜곡되어 중력이 발생한다'는 언급과 유사한 상황인 것이다.

그럼 뉴트볼들은 촘촘하게 밀집되어 핵자를 감싸게 되고, 그 결과 빛의 앞길엔 사선으로 좁아지는 격자구조가 가로막게 된다. 그럼 빛은 뉴트볼들과 다양한 각도로 충돌하면서 모든 방향으로 산란되어 둥그렇게 퍼지게 된다. 앞 '들뜬 광자' 그림과 유사한 전방위 산란이 발생하게 되는 것이다. 여기서 전자가 하는 일은 쏟아지는 전자기파의 홍수 속에서 다다다~ 진동하는 것밖에 없다.

③ 방사선형 격자구조

추가적으로 고려해야 할 사항은 광자 포집에 실패한 뉴트볼들은 코어가 비어있어서 핵자가 빨아들이는 압력에 의해 계란 모양으로 길죽하게 짜부라질 수 있다는 것이다. 특히 원자는 준광속 회전하면서 마치 수영을 하는 것처럼 전면 공간에너지를 뒤로 밀어내어 물체·별의 전진운동이 이루어지므로, 핵자를 들락거리는 역선들의 거센 압력으로 인해 길죽하게 짓눌릴 가능성이 높다.

그럼 핵자 주변은 다음쪽 모식도처럼 방사선형 격자구조로 둘러싸이는 형태가 된다. 그럼 원자 주변을 지나는 빛은 마치 그물에 걸린 것처럼 핵자 쪽으로 빨려들어, 길죽한 뉴트볼과 충돌하면서 이쪽저쪽 틈새로 빠져나가게 된다. 그럼 빛은 모든 방향으로 산란

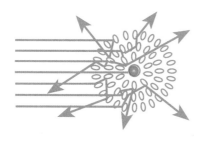

되어, 2차구면작은파를 방출하는 것처럼 보이게 된다.

위 모식도의 가장 큰 난점은 빗살들이 핵자 쪽으로 집중되어 있어서, 원자의 그물에 걸려든 빛의 상당부분은 핵자로 돌진하여 산산이 부서질 가능성이 높다는 것이다. 그럼 소산흡수가 일반적이어야 하지만, 투과·굴절·산란 등의 현상이 일상적으로 관찰된다. 이에 대한 힌트는 아래 소용돌이 그림에서 찾을 수 있다. 즉 핵자가 준광속 자전하면 전하·자기장·질량과 관련된 역선들이 지그재그 롤리팝의 형태로 감기기 때문에, 뉴트볼들도 그 틈새에서 비스듬하게 드러누워 있을 가능성이 높다.

그럼 아래 모식도에서 보듯이 원자 주변을 지나는 빛은 회오리 슬라이드를 타는 것처럼 비스듬하게 진로를 꺾은 후 둥그렇게 돌아서 빠져나가게 된다. 턴인-턴아웃 방식이므로 핵자와 충돌할

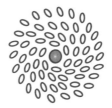

방사선형 격자구조

가능성이 적고, 다음 뉴트볼과 부딪치는 각도에 따라 예측불가능한 각도로 빠져나간다. 이렇게 모든 방향으로 흩뿌려지므로 외견상 원자가 2차구면작은파를 방출하는 것처럼 보이게 된다.

중간자 모듈 개념에 따르면 핵자에는 8~10개 가량의 중성미자가 들어가므로, 뉴트볼의 크기는 핵자의 2/3 정도이고, 뉴트볼 사이의 일반적 간격은 10^{-13}m 내외일 것으로 추정된다. 수소원자의 경우 최근접 뉴트볼들은 서너 개 정도이고, 원자량이 늘어날수록 그 숫자가 증가할 것이다. 이들은 태양·지구의 공전에 따른 진행방향 전면에 더 많이 압축될 것이므로, 입체적으로 본다면 위 모식도와는 달리 성기게 배열된 부분도 많을 것이다.

④ 레일리 산란 빛의 크기는 명확하진 않지만 10^{-15}m 내외로 측정된다. 이처럼 빛알갱이가 작기 때문에 빗살구조 또한 숭숭~ 통과할 가능성이 높다. 따라서 빗살구조가 덜 발달한 수소·헬륨 가스를 통과할 경우엔 빛의 투과율이 높고, 외관상 2차구면작은파의 크기도 작게 나타날 것이다. 반면 대기의 주성분인 ^{14}질소·^{16}산소 처럼 매질의 질량이 증가하면, 핵자로 접근할수록 뉴트볼 사이의 간격이 촘촘해지고, 곡률도 증가하기 때문에 빛은 산란·반사·굴절 등의 양상이 일상적으로 발생하게 된다.

방사선형 격자구조에 의한 빛의 전방위 분산을 극명하게 보여주는 것이 『광학』에 소개된 '레일리산란'이다. 먼저 햇빛은 수만 개의 선스펙트럼이 연속된 백색광인데, 이것이 상공에서 대기분자를 만나 사선으로 좁아지는 빗살구조를 맞딱뜨리면, 파장이 짧은

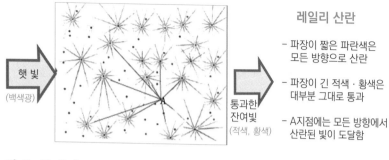

레일리 산란

- 파장이 짧은 파란색은 모든 방향으로 산란

- 파장이 긴 적색 · 황색은 대부분 그대로 통과

- A지점에는 모든 방향에서 산란된 빛이 도달함

빛은 상대적으로 덩치가 커서 빗살구조의 입구에서 크게 꺾여 산란되고, 다음 빛은 더 안쪽까지 진행한 후 산란되고, 가장 작은 적색은 빗살 사이를 통과하여 먼 거리까지 진행할 수 있다. 그래서 파장이 짧은 파란색이 상공에 퍼져 하늘이 파랗게 보이는 것이고, 일출 · 일몰 때는 파란빛은 먼 하늘에서 산란되어 소진되고, 파장이 긴 노란색 · 빨간색만 건너와 우리는 아름다운 노을을 보게 된다.

4. 빛의 난반사

다음쪽 그림처럼 투명 매질에 비스듬하게 빛을 쏘면 일부는 반사하고(A→A') 일부는 굴절한다.(A→P) 입사각을 점점 더 기울여 임계각에 이르면 B→B'처럼 모든 빛이 반사되는 '전반사'가 일어난다. 우리는 입사각-반사각이 같다는 이유로 '거울반사'를 철칙으로 알고 있지만, 본 모형에서는 '난반사'를 반사의 기본원칙으로 본다. C에서 보는 것처럼 입사광들이 만나는 뉴트볼들의 각도가 모두 다르고, 2차 · 3차 이상의 경로변경이 이루어지기 때문에 완전한 무작위적 산란이 이루어진다.

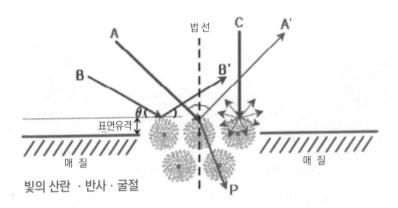

빛의 산란 · 반사 · 굴절

특히 표면 안쪽 깊숙히 진입했다가 다시 튕겨나오는 빛도 있어서 경로는 예측불허이다. 「광학」에서는 파장의 절반(원자층 천 개 정도) 정도에서 산란이 발생한다 하였고, 일본의 한 연구소는 '반사 · 굴절이 처음 닿은 위치에서 원자 몇 백 개의 거리를 미끄러져서 발생한다'는 보고를 내놓고 있다. 진동전자로는 설명이 난감하겠지만 빗살구조 속에선 자연스런 현상이다. 광학은 표면의 원자에서 방출되는 반구형의 2차구면작은파가 보강간섭을 일으켜 반사파가 형성된다고 하지만 단지 그럴 확률이 높을 따름이다.

QED 거두 파인만의 반사개념도 본 모형에 부합한다. 그는 '빛이 파동처럼 행동하지만 그 본질은 입자'라는 사실을 강조하면서, 거울에 입사한 빛은 정해진 하나의 경로가 아니라 표면 원자에 산란되어 가능한 모든 방향으로 퍼져나가기 때문에, 가능한 확률진폭의 총합을 구해 광자의 행동을 예측할 수 있다고 본다.

이것이 '경로합이론'인데, 다음쪽 왼쪽 그림은 본 모형에서 제시하는 반사형태 그대로이다. 오른쪽 그림은 P 지점에 도달하는 빛은

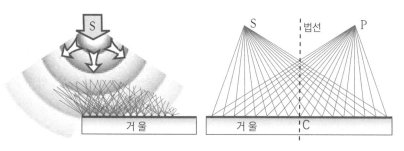

파인만의 반사의 기본개념도

법선의 C 지점에서 반사된 빛뿐 아니라 거울의 모든 지점에서 반사된 빛이 도달하여, P는 그 총합으로 S의 영상을 보게 된다는 설명이다. 이런 몰상식한 이론에 논리적 배경을 제시할 수 있는 건 본론뿐이다.

그럼 편평한 유리에 수직으로 빛을 비추면 어떻게 될까? 파인만의 데이터에 따르면 처음엔 4%로 반사율이 일정하다가, 유리의 두께가 점점 두꺼워지면 반사율이 20%까지 늘었다가, 다시 점점 줄어 0%가 되었다가, 0~20%까지 오가는 패턴이 반복된다.

이것은 방사선형 빗살들의 결이 해바라기처럼 무게중심을 향하는 특성 때문이다. 그 결과 유리가 두꺼워질수록 표면으로 돌출된 빗살들의 각도가 점점 법선 쪽으로 일어서기 때문에, 처음엔 뉴트볼 사이를 통과하다가 사선 방향으로 튕겨나가는 빛이 점차 늘게 되고, 그 겹을 지나 다음 겹 빗살이 일어서면 그 틈새로 통과하는 빛이 점차 늘어나는 과정이 반복되는 것이다. 따라서 같은 두께라도 ▬ 형 유리와 ◢◣ 형 유리는 무게중심이 달라 반사율도 달라질 것이다.

5. 볼록렌즈의 미스터리

① 매질의 경계면을 지나는 순간 빛은 왜 굴절하는가? 그것은 두 매질 사이의 광속의 차이 때문으로 설명된다. 본론은 광속을 공간에너지의 반발력에 의한 것으로 규정하는데, 매질의 원자들이 대규모의 공간에너지를 흡입하므로 공간에너지의 밀도가 낮아져 반발력이 줄어든 것이다. 따라서 매질의 질량밀도가 높을수록 광속이 느려질 것으로 추정할 수 있고, 실제로도 그렇다.

- **공기**   비중 0   광속 30만Km/s   굴절률 1
- 물   비중 1   광속 22만Km/s   굴절률 1.33
- **유리**   비중 2.22   광속 20만Km/s   굴절률 1.5
- **다이아몬드** 비중 3.5   광속 12만Km/s   굴절률 2.42

굴절을 설명하는 대표적 이론이 '스넬(W. Snell)의 법칙'이다. 굴절률이 큰 매질에서는 느린 2차구면작은파가 방출되어 광속이 느려지는데, 차가 백사장에 사선으로 진입하면 한쪽 바퀴가 먼저 감겨 진로가 꺾이는 것처럼, 두 매질의 경계면에 입사하는 순간 광속에 브레이크가 걸리면서 굴절하게 된다. 이때 두 매질 사이의 광속의 비율 대 굴절률의 sin값의 비율이 일정하게 나타난다.

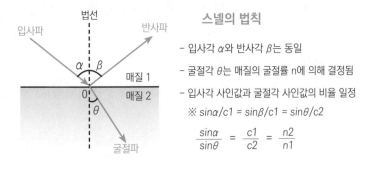

스넬의 법칙

– 입사각 α와 반사각 β는 동일

– 굴절각 θ는 매질의 굴절률 n에 의해 결정됨

– 입사각 사인값과 굴절각 사인값의 비율 일정

※ $sin\alpha/c1 = sin\beta/c1 = sin\theta/c2$

$$\frac{sin\alpha}{sin\theta} = \frac{c1}{c2} = \frac{n2}{n1}$$

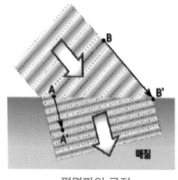

평면파의 굴절

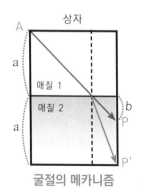

굴절의 메카니즘

그 메커니즘은 두 가지 방법으로 설명되는데, 위 왼쪽 그림은 두 매질의 경계면에서 평면파의 A→A'지점으로 진행하는 거리가 B→B'로 진행하는 거리보다 짧아서 굴절하게 된다는 것인데, 본론은 평면파의 개념 자체를 부정한다. 오른쪽 상자의 그림은 사선으로 입사한 빛이 P 지점으로 진행한다고 생각하지만 속도가 느려져 거리가 줄어드는 효과에 의해 P' 지점으로 진행한다고 설명한다

한편 페르마(P. Fermat)는 빛이 매질1에서 달린 시간과 매질2에서 달린 시간의 합이 가장 적은 경로로 진행한다는 '최단시간의 원리'로 설명하는데, 계산상 스넬의 데이터와 경로가 완전히 일치한다.

그러나 빛이 초광속 소나를 방출하지 않는 한 전면의 상황을 인지할 방법이 없고, 어느 경로가 빠른지 판단할 연산능력도 없다. 빛은 뉴트볼들이 길을 열어주는 대로 달려갈 뿐, 스스로 경로를 결정할 능력은 없다.

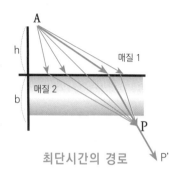

최단시간의 경로

② 볼록렌즈에서의 굴절

빛이 매질 표면에서 굴절하는 이유는 원자를 둘러싼 빗살구조 때문이다. 핵자 사이의 공간이 넓긴 하지만 공간에너지가 핵자를 향해 유입되기 때문에, 빛은 그 물살을 타고 자연스럽게 빗살구조의 그물 사이로 진입하게 되며, 전면에서 1차 진로가 꺾인 후, 핵을 스쳐지나가면서 깔때기 형태로 한번 더 꺾여 굴절각이 결정된다.

매질의 비중이 높으면 빗살구조가 드러누운 각도와 밀집도도 커져 굴절각도 커지게 된다. 매질 안쪽의 중간지대에서는 분자들의 질량이 균형을 이루어 뉴트볼들이 비교적 둥근 모양을 회복하기 때문에 직진성이 높다. 그렇지만 핵자에 근접하여 지나는 빛들은 여전히 다른 방향으로 굴절·산란되기 때문에, 진행할수록 광자수가 줄어들어 빛은 점점 어두워지게 된다.

볼록렌즈를 통과하는 빛의 사진 앞에서 기존의 법칙들은 허무할 정도로 무기력하다. 첫째, 다음쪽 사진 A·B 모두에서 입사광에 비해 굴절광의 굵기가 현격히 가늘어져 있다. 자세히 뜯어보면 렌즈를 통과하는 과정에서 절반 이상의 빛이 산란된 것처럼 보인다. 유리의 반사율 4~20%를 감안하더라도 산란율이 지나치게 크다. 법칙이 옳다면 모든 빛이 정해진 경로로 진행해야 하는데, 유실된 빛은 왜 법칙을 따르지 않았을까?

둘째, 사진 A를 역상으로 뒤집어본 사진 A2의 위쪽 입사광에 대해 렌즈 표면에 임의로 법선을 그어보면, 입사할 때의 굴절각은 미미한 반면 렌즈를 빠져나올 때의 굴절각은 비교할 수 없을 정도로

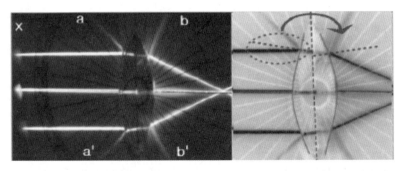

사진 A (유튜브 ; 렌즈에 의한 빛의 굴절, 김종환)　　**사진 A2** (역상)

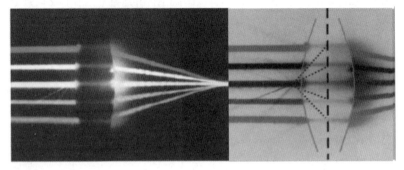

사진 B (렌즈의 신비, 과학의 신비12, 중앙교육연구원, 1992)　**사진 B2** (역상)

급격하게 꺾어진다. 두 매질의 굴절률은 일정한데, 1차보다 몇 배나 가파른 2차 굴절각은 어떻게 설명할 수 있는가? 여기서 옆 굴절률은 지켜진 것인가?

$$\frac{sin\alpha}{sin\theta} = \frac{c1}{c2} = \frac{n1}{n2}$$

셋째, 그 무엇보다 $n2/n1$의 굴절각으로 입사했다가, 빠져나갈 땐 $n1/n2$의 굴절각으로 경로가 바뀌어야 하므로, 입사할 때와 반대방향으로 굴절해야 하는 것 아닌가? 수조 위에서 사선으로 빛을 비추면 법선쪽으로 굴절하고, 수조 아래에서 비추면 법선의 반대쪽으로 굴절하여, 결과적으로 위-아래에서 동일한 경로로 진행한다.

그럼 사진 A2 상단 입사광의 경우 점선으로 표시된 법선의 왼쪽으로 입사했으므로, 반대쪽으로 빠져나갈 땐 역시 법선 왼쪽으로 꺾이는 게 맞는데, 오히려 더 큰 각으로 굴절한다. 양쪽에서 같은 방향으로 굴절하는 게 어떻게 가능한가? 렌즈의 경우 매질의 굴절률과 다른 어떤 요인에 더 많은 영향을 받고 있지 않은가?

넷째, 사진 A에는 렌즈의 중심선에서 밝은 선이 끊겨버리고, 심지어 뚜렷한 산란광이 발생하고 있다. 옆 오목렌즈의 사진에서도 역시 중심선에서 뚜렷한 점상의 산란광이 발생하고 있다. 앞 사진 B에는 중심선에서의 단절이 안보이지만,

역상으로 뒤집은 사진 B2에서 입사광 쪽으로 역반사된 가느다란 빛줄기에 연결선을 그어보면 경악스럽게도 중심선에서 반사된 것임을 알 수 있다. 유리는 결정이 없는 액상형 고체여서 내부 어디나 동일한데, 이런 단절이 발생하는 이유는 무엇인가?

앞 유튜브 (역상)

③ 답은 역시 빗살구조에서 찾아야 한다. 볼록렌즈는 곡면구조여서 빗살구조의 형태도 다양하게 변형된다. ①먼저 렌즈표면 분자 밖으로는 빗살들이 엠보싱처럼 볼록볼록 돌출되어 있을 것이다. ②그 너머 허공의 뉴트볼들은 렌즈 표면에 대해 수직으로 분포할 것이므로, ⓒ ⓓ ⓔ처럼 렌즈의

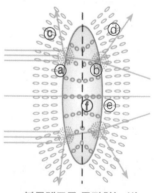

볼록렌즈를 통과하는 빛

곡면을 따라 둥그렇게 펼쳐질 것이다. ③렌즈 내부의 뉴트볼들은 무게중심을 향해 이끌리므로, ⓕ처럼 중심선을 기준으로 서로 반대방향으로 기울어져, 옆에서 보면 깔때기 형태로 배열될 것이다.

그럼 굴절의 이유가 분명해진다. ⓐ지점으로 입사하는 빛은 표면분자에 도달하기 직전 미세하게 진로가 꺾이기 시작해서, 각 빗살의 틈새로 진입하여 핵자를 지나는 순간 '1차 굴절'한다. 이때 빗살 내부로 진입하지 못한 상당량의 빛은 산란하게 되는데, 사진 A에서 a-a' 방향으로 선명한 산란광이 나타나는 것은 회전축이 뒤바뀐 표면분자 빗살의 경우 나선방향이 반대여서 대량반사가 이루어진 것으로 추정한다.

이렇게 렌즈 내부로 비스듬하게 진입하면 ⓕ에서 나타낸 것처럼 무게중심을 향해 경사지게 배열된 격자구조를 만나게 된다. 물론 렌즈 내부 뉴트볼들은 상대적으로 둥글지만 길 자체가 경사져 있으므로 빛은 그 길을 따라 진행하게 된다.

이때 굴절각과 내부 격자들의 경사도가 연동되어 있을 때는 산란이 적어서 사진 B처럼 중심선까지의 굴절경로가 잘 안보이지만 오히려 중심선을 지난 다음 산란율이 더 커지는 모습을 볼 수 있다.

반면 1차 굴절각과 내부 경사도에 차이가 많으면 사진 A처럼 대규모 산란을 일으켜 옆에서 볼 때도 중심선까지의 경로가 뚜렷이 드러나고, 반대로 중심선을 지나는 순간 산란율이 급격이 떨어지는 모습을 볼 수 있다. 아마도 이런 차이는 렌즈의 두께와 재질에 상당한 영향을 받고 있을 것이다.

또한 렌즈 가장자리로 나갈수록 가벼우므로 무게중심을 향한 격자들의 경사도가 커지게 된다. 따라서 렌즈 가장자리로 나갈수록 빛의 굴절률은 더 커지게 된다. 스넬의 법칙으로는 렌즈 표면에 대한 입사각의 경사도가 커질수록 오히려 굴절각이 커지는 역설적 현상에 대해 어떤 설명을 할 수 있겠는가?

처음 렌즈 내부의 경사진 격자구조를 떠올리고서 가장 곤혹스러 웠던 것은 중심선을 지나는 순간 반대방향으로 경사진 격자구조를 만나게 되는데, '빛이 어떻게 굴절된 경로를 끝까지 유지할 수 있는가' 하는 것이었다. 그런데 역상사진 B2에서 전면으로 역반사된 가느다란 빛줄기의 연장선이 중심선까지 이어진다는 사실을 발견하곤 엄청난 충격과 감격을 느꼈었다.

차도 양쪽 가로수들이 아스라히 좁아지는 것 같은 격자구조의 배열이 눈에 보이는 듯한 감동이었다. 렌즈 중심에 불연속면이 존재한다는 언어도단적 발상이 현실이었던 것이다. 아마 최초의 발견 아닐까? 이후 유튜브의 실험영상 다수에서 사진 A와 같은 빛의 단절을 볼 수 있었고, 심지어는 렌즈를 이동할 때 꼬마전구처럼 동그랗게 반짝이는 산란광의 사례도 있었다. 와우~~.

④ 렌즈를 빠져나가는 ⓑ지점에서 굴절각이 커지는 것은 렌즈 내부에선 인근 분자의 질량간섭으로 뉴트볼들의 모양이 두루뭉술 하지만, 표면에선 빗살의 형태와 경사도가 뚜렷해지기 때문에, 여기에 사선으로 입사하여 크게 감기는 것으로 추정한다.

사진 A에서 b-b' 방향의 뚜렷한 산란광은 역시 반대편 스핀의 빗살 때문으로 추정한다. 어쨌든 렌즈를 사선으로 빠져나온 빛이 이렇게 큰 각도로 굴절하는 것은 빗살구조라는 장애물을 상정하지 않고서는 설명이 힘들 것이다.

특이한 것은 사진 B·B2에서 보듯이 렌즈밖 '허공'에서 대량의 산란이 발생한다는 것이다. 어떤 사진에선 렌즈에 입사하는 전면에서 산란광이 더 크게 나타나므로 앞뒤를 따질 일도 아니다. 렌즈 두께·재질의 차이일 뿐이다. 앞 모식도 ⓒ ⓓ ⓔ처럼 렌즈를 방사선형으로 둘러싼 격자구조의 산물인 것이다. 빛의 진로를 가로막고 비트는 무언가가 없다면 불가능한 현상이다.

이렇게 렌즈를 통과하는 빛을 들여다보고 있으면 둑이 터져 쏟아지는 물살이 모든 틈새로 밀어닥치면서 삐져나가는 모습이 연상된다. 빛 역시 전면을 가로막는 장애물의 틈새로 좌충우돌 삐져나가면서 산란·반사·굴절 등의 다양한 현상이 발생하는 것이다. 그럼에도 법칙으로 모든 것을 설명할 수 있을까?

예컨대 옆 그림처럼 평면 오목렌즈·볼록렌즈를 통과하는 빛은 어느 쪽이 두꺼운지 어떻게 알고 있었을까? 그냥 렌즈 속으로 발을 디뎌보니 길이 그렇게 나 있어서 그쪽 길로 간 것 아닌가? 빗살과 격자들이 무게중심 쪽으로 경도되어 있어서 그렇다는 게 가장 합리적 추론 아니겠는가?

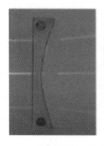

(평면렌즈에서의 굴절 ; 역상)

5 프리즘에서 분광이 발생하는 것은 파장에 따라 굴절되는 위치가 달라지기 때문으로 추정한다. 프리즘 내부의 뉴트볼들은 무게중심을 향해 길어지므로 아래 그림처럼 가장자리에서 진입하는 빛은 오른쪽으로 급격하게 꺾여 아스라이 좁아지는 도로를 마주하게 된다. 그럼 덩치가 큰 파란색이 첫 번째 가로수와 충돌하여 가장 크게 꺾이고, 초록은 다음 가로수, 노랑·빨강은 차례차례 안쪽까지 진행하여 꺾이기 때문에 분광이 발생하게 된다.

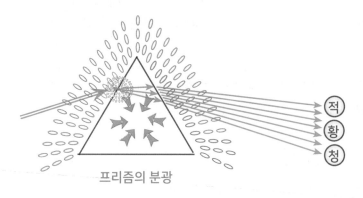

프리즘의 분광

6. 빛의 회절

회절은 더욱 기이한 현상이다. 빛은 입자이므로 직선거리를 달려야 한다. 그런데 장애물만 만나면 물결처럼 회절하여 이전에 닿을 수 없었던 위치까지 도달하고, 심지어는 밝고 어두운 영역이 번갈아 교차하는 간섭무늬까지 만든다. '간섭'이란 전자기파의 마루-마루가 만났을 때 두 배로 밝아지는 '보강간섭'과 마루-골이 만났을 때 빛이 사라지는 '소멸간섭'이 번갈아 교차하여 밝고-어두운 영역이 교대로 나타나는 것을 의미한다. 이것은 파동의 전형적 속성인데, 빛은 과연 입자인가 파동인가?

「광학」에는 다음 그림과 같은 다양한 회절현상들이 소개되어 있다.

① 곡면 회절

빛은 물체를 단순히 스쳐지나가는 것만으로도 간섭을 일으킨다. 아래 그림은 단색광을 샤프심·산화아연에 조사했을 때 단순히 옆을 스쳐간 그림자에서 나타나는 회절무늬이다.

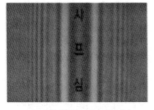

(샤프심의 회절무늬)　　　　　(산화아연 회절무늬)

광학은 '광파가 지나가는 파면 위의 모든 점은 2차구면작은파의 광원 역할을 한다'는 '하위헌스-프레넬의 원리'로 설명된다. 그러나 2차파는 진동전자가 만들어낸다고 하지 않았던가? 빛은 어떻게 파동으로 변신하여 회절무늬를 만드는가? 어떤 매질도 구조물도 없는 허공에서 스스로 간섭하는 게 어떻게 가능한가?

답은 '곡면'에 있다. 다음쪽 모식도에서 보듯이 길죽해진 뉴트볼들은 물체의 표면에 대해 수직으로 분포하므로, 둥근 물체의 경우 곡면을 따라 방사선형으로 배열된다. 그런데 빛이 그 옆을 지나가면 뉴트볼들이 Y자 혹은 깔때기 형태로 겹쳐지는 구간이 있어서,

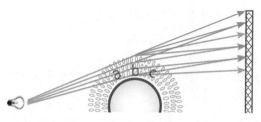

빗살구조의 겹침구간으로 인한 회절

그쪽으로는 빛이 지나가지 못하고 그 옆 틈새로 진행함으로써 뒤쪽의 스크린에는 밝고 어두운 영역이 교차하여 나타나게 된다. 즉 굴절만 있었을 뿐 회절은 없었다. 곡면 주변에서 발생하는 특이현상이었던 것이다.

둥근 물체의 '집광효과'도 그 연장선상에 있다. 다음쪽 왼쪽 그림은 스테인리스 보온병을 형광등 아래에 놓고 찍은 것인데, 정상적이라면 볼록한 가운데 부분이 가장 밝고, 가장자리로 나갈수록 점진적으로 어두워지는 그라데이션 형태의 반사광이 나타나야 한다. 그런데 가운데의 좁은 영역에 하이라이트가 집중되고, 선명한 경계선이 드러나 있다. 광학에서는 이런 기이하고도 일상적인 현상에 대한 언급이 왜 없을까?

원인은 역시 곡면으로 인한 방사선형 격자구조 때문이다. 그 옆 모식도에서 보듯이 중심 부근으로 진입하는 빛은 사선으로 늘어선 빗살에 미끄러져 진로가 안쪽으로 꺾인다. 그럼 a지점에 빛이 집중되어 눈이 부실 정도의 '하이라이트'가 발생하게 되고, 꺾인 구간에는 도달하는 빛이 없어 어두운 경계선이 뚜렷이 드러나게 된다. 따라서 하이라이트 부분의 조도는 광원의 조도보다 오히려

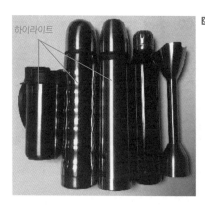

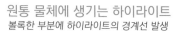

원통 물체에 생기는 하이라이트
볼록한 부분에 하이라이트의 경계선 발생

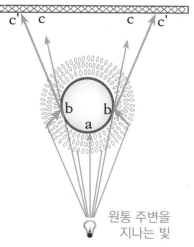

원통 주변을
지나는 빛

밝을 가능성이 높다. 재질의 질량밀도가 높을수록 뉴트볼들이 촘촘하게 들어붙어 경계선은 더 뚜렷해질 것이다.

한편 빛이 스쳐지나가는 b지점 등에서도 사선의 빗살로 인해 빛의 집중이 발생할 수 있다. 중학교 석고 데생 시간에 허공에서 빛이 반사되어 군데군데 '세미라이트'가 생긴다는 이야기를 들은 적이 있는데, 곡면의 마법이 원인이었던 것이다.

동시에 세미라이트 뒤쪽 영역은 빗살들이 사선으로 배열되어 있어서, 빛이 뉴트볼 사이로 진행하지 못하고 옆으로 전반사되는 효과가 발생한다. 따라서 빛은 광원에서 직선으로 이어지는 c 지점에 도달하는 것보다 c' 지점에 더 많이 도달하게 된다. 그래서 그림자의 경계선이 트릿하고, 촛불 아래의 그림자가 더 크게 일렁거렸던가 싶다. 아마도 실측을 해보면 차이가 드러날 것이다.

에어리 고리

프레넬 회절

프라운호프 회절

② 단일슬릿 회절

놀랍게도 단일슬릿에서도 회절무늬가 발생한다. 원형구멍에서의 회절무늬는 G. 에어리경이 발견하였는데, 왼쪽은 직경 1.5mm의 원형 구멍에 레이저를 장시간 조사하여 얻은 사진이다. 가운데의 그림은 한변 2mm 내외의 사각구멍을 통과한 빛이 만드는 회절무늬인데, 구멍의 크기 및 관측면의 거리에 따라 형태가 복잡하게 변화한다. 근거리 회절을 '프레넬 회절', 원거리 회절을 '프라운호프 회절'이라 부른다.

이것 역시 방사선형 격자구조로 설명해야 한다. 다음쪽 모식도에서 보듯이 안쪽에는 격자들이 오므라들어 촘촘하게 배열되고, 곡각지점 주변에는 둥그렇게 배열된 격자구조가 뒷면 곡각지점까지

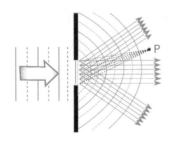

단일슬릿 회절에 대한 광학적 해석

- 평면파가 슬릿을 통과하면 슬릿의 각 점들은 모든 방향으로 광선 방출 ; 화살표 참조

- 이런 광선의 다발이 집적되어 구면파 형성 실제로는 각 광선은 평면파 상태로 진행

- 임의의 점 P에는 슬릿의 모든 점에서 방출된 광선들이 결집되어 보강-소멸간섭

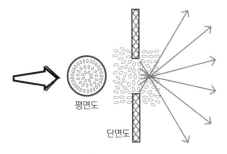

(단일슬릿 주변의 빗살구조)

- 왼쪽 평면도처럼 빗살이 오므라든 구조
  오른쪽 단면도처럼 사선으로 빗살 배열
  ; 두개의 부채가 서로 맞보고 있는 형태
- 빛은 여러번의 굴절을 통해 구멍 통과
  슬릿 후면에서 큰 각도로 굴절하여
  대부분 반대방향으로 빠져나감
- 뉴드볼들이 깔대기처럼 겹져진 곳은
  빛이 통과할 수 없음 ⇒ 간섭무늬

이어져 부채가 펼쳐진 형상이 된다. 맞은편 모서리에도 또 하나의 부챗살이 펼쳐져 있으므로, 두 개가 겹쳐지면 빛은 슬릿의 입구에서 사선으로 전개된 빗살을 마주하게 된다. 평면파가 대열을 유지한 채 슬릿을 통과한다는 광학적 해석과는 정반대이다.

그럼 빛이 슬릿 내부를 직선으로 진행할 길이 사라져버린다. 이리 비틀 저리 비틀 옆으로 미끄러져 내부로 진입한 빛은 후면에서 사선으로 전개된 빗살들을 만나게 된다. 그런데 슬릿에 근접할수록 뉴트볼들이 길죽하고, 간격도 촘촘하므로, 슬릿에 바짝 붙어 지나는 빛들이 가장 크게 굴절하여 반대편으로 빠져나가고, 다음 겹의 뉴트볼쪽으로 빠져나가는 빛은 조금 덜 굴절한다. 그래서 빛은 구멍의 크기보다 훨씬 넓은 영역까지 퍼지게 되고, 구멍이 작을수록 빛이 퍼지는 호의 각이 커지게 되는 것이다.

이때 진행경로에 뉴트볼들이 깔때기처럼 겹쳐져 빛이 지나갈 수 없는 구간이 있으면 그 부분이 캄캄해져 간섭무늬가 발생하게 된다. 앞쪽 프라운호퍼 회절무늬는 빛다발이 빠져나가는 한겹 한겹의 격자층을 그대로 보여주는 것 같다. 마법처럼 느껴진다. 아마 슬릿 재질의 질량밀도가 높을수록 무늬가 더 뚜렷해질 것이다.

③ 이중슬릿 회절

1801년, 영의 이중슬릿 실험은 획기적 사건이었다. 두 개의 슬릿을 통과한 빛이 아래 왼쪽 그림과 같은 간섭무늬를 만드는 것은 파동이 아니라면 불가능한 현상이었다. 슬릿1을 통과한 빛이 슬릿2를 통과하려면 구면파로 변하지 않으면 불가능한 일이고, 간섭은 파동만이 할 수 있는 일이다. 이후 그 미스터리를 풀기 위해 무수한 실험이 이루어졌고, 하나의 차단판에 두 개의 슬릿을 뚫어도 똑 같은 회절무늬가 발생하였다.

빛의 세기를 극도로 약화시켜도 결과는 마찬가지였고, 광자는 반드시 입자상태로 스크린에 도달했다. 그래서 광자가 어느 구멍을 통과했는지 확인하려고 슬릿의 뒤쪽에 검출기를 설치하면 반드시 입자가 하나의 슬릿을 통과한 상태로 검출되며, 그 순간 간섭무늬는 사라져버렸다. 검출기를 갖다대는 순간 빗살구조의 배열이 흐트러지기 때문에 발생하는 현상이다.

그런데 기이하게도 니켈로 만든 슬릿에 1초에 한 개씩의 전자를

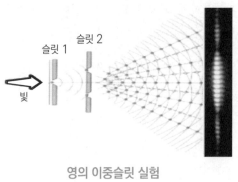

영의 이중슬릿 실험   누적된 빛의 착점

쏘아도 그 착점이 모이면 앞쪽 오른쪽 그림과 같은 회절무늬가 나타났다. 귀신이 곡할 노릇이었다. 초당 1개씩 발사된 전자는 결코 다른 전자를 만날 수 없고, 다른 슬릿의 존재조차 인식할 수 없는데 어떻게 스스로 간섭할 수 있는가? 미스터리 자체 아닌가?

이에 파인만은 경로합이론을 대입하여 '개개의 전자들은 발사할 때는 입자였다가, 슬릿을 통과할 때는 두 개를 모두 통과한다. 나아가 발사된 전자는 지구나 달 등 가능한 모든 경로들을 동시에 다 지나간다'며 같은 이야기를 반복하였다.

그러나 아래 모식도처럼 슬릿의 곡각을 방사선형으로 둘러싼 빗살구조를 상정하면 당연한 귀결이 되어버린다. 앞쪽 그림 슬릿1을 통과한 빛이 슬릿2를 통과할 수 있는 것은 빛이 슬릿의 양극단에서 대각선 방향으로 굴절하여 진행하기 때문이며, 얼핏 간섭무늬를

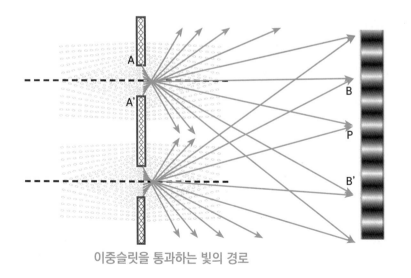

이중슬릿을 통과하는 빛의 경로

만드는 것처럼 보이는 것은 대각선의 진행경로에 뉴트볼들이 밀집된 장애구간이 있기 때문이다. 그래서 슬릿의 간격이 0.1mm에서 조금씩 넓어지면 연속적인 간섭무늬는 점점 약해지면서, 가운데의 밝은 부분이 도드라지게 된다.

만약 슬릿1을 통과한 빛이 실제로 구면파로 전환되었다면 대부분의 에너지는 차단판에 가로막히고, '슬릿 면적/차단판 면적' 크기의 에너지만 슬릿2를 통과할 수 있으므로, 그것이 다시 합체한들 정상적인 에너지를 회복할 순 없다. 더구나 펑~ 하고 운무처럼 퍼지는 순간 전자의 질량·전하는 어떻게 배분되겠는가? 따라서 빛이 진짜 파동이라면 슬릿이 넓어질수록 간섭무늬가 더 뚜렷해지는 게 맞다.

또한 그림상 슬릿을 통과한 파동은 부채꼴 모양으로 전개되는데, 그런 호형 파동은 존재하지 않는다. 횡파는 파동의 주체가 가로떨기를 하면서 직접 달려가는 것이고, 종파는 매질을 구성한 입자들이 공처럼 사방의 입자들을 두들겨 한 지점에서의 충격을 물결파의 형태로 전달하는 소밀파여서, 횡파가 구면파로 변하는 것은 원천적으로 불가능하다. 또한 파면의 위상이 같은 일단의 광자들이 간섭을 일으켜 일렬횡대로 쓸고 진행하는 평면파를 형성한다는데, 그런 파형이 실재하는지도 모르겠다.

모든 것은 공간의 비밀병기인 격자구조의 존재를 이해하지 못하는 데서 비롯된 착각·착시의 산물이다. 마술쇼는 미치도록 신기하지만 비밀장치나 눈속임이 털리고 나면 싱겁기 짝이 없다. 마찬가지로 투시경을 쓰고 격자구조를 들여다본다면 오직 굴절만 있을 뿐 간섭도 회절도 없었다는 사실이 분명하게 드러날 것이다. 중간자 모듈의 전하가 모든 힘의 근원이었듯이 부채꼴 빗살구조가 다양한 변주의 근원이었던 것이다. 빛은 그 속을 헤집고 다니면서 공간이 생긴 모습을 있는 그대로 보여줄 뿐이다.

7. 빛에 대한 실험제안

지금까지의 논의를 통해 두 가지의 결론을 내릴 수 있다.
첫째, 공간에 뉴트볼 격자구조가 존재함이 너무나 명확하다.
둘째, 빛은 입자이며, 격자구조로 인해 파동성을 띠게 된다.
이에 격자구조의 검증을 위한 몇 가지 추가적 실험을 제안해본다.

[1] 유리의 형태에 따른 반사율의 차이
- 무게중심을 향한 격자구조의 배열을 증명하고자 함
- 두께는 같으면서 사각형, 사다리꼴, 마름모꼴 등 모양이 다른
  유리판의 무게중심을 확인 후 반사율의 변화 점검

[2] 볼록렌즈 중심선에서의 다양한 산란광의 형태
- 렌즈 중심선에서의 불연속면을 확인하고자 함
- 여러 가지 두께·곡률의 볼록렌즈로 산란광의 다양한 형태 점검

[3] 볼록렌즈 가장자리에 납조각을 갖다대는 실험
• 무게중심의 변화에 따른 굴절각의 왜곡 점검
• 본론에 따르면 카메라 · 망원경 등에서 철제 프레임에 렌즈를
  끼우면 특히 가장자리에서 곡률의 왜곡이 발생해야 함 ; 왜율
• 그럼에도 고급 제품들은 렌즈 왜율을 0.001% 이하 등으로
  표기하고 있어서 본론에 오류가 있는지 갸웃거리게 됨
• 납 · 수은 등을 렌즈에 밀착시켰을 때 굴절각의 변화 점검

[4] 하이라이트 조도 및 그림자 확인
• 곡면에서의 집광효과를 확인하기 위해 철판을 폈을 때의 조도와
  둥글게 말았을 때 하이라이트 부분의 조도 대조
• 하이라이트 부분 조도가 광원 조도보다 높을 수 있다는 점 확인
• 둥근 물체 뒷면에 생성된 그림자가 광원에서 직선으로 연결된
  지점보다 조금 벌어진 곳에 형성됨을 확인

[5] 주름관을 통과한 빛의 조도 변화
• 주름관 내부 곡각지점 주변에는 빛살들이 부채꼴로 전개되어
  내부를 통과하는 빛이 옆으로 굴절할 확률이 매우 높아짐
• 동일한 거리에서 주름관 외부를 진행한 빛과 내부를 진행한
  빛의 조도에 차이가 있는지 확인
• 주름관 내부를 통과한 쪽이 더 어둡게 관찰된다면 부채꼴
  빛살구조의 존재를 암시하는 것으로 추정할 수 있음

[6] 수평-수직으로 진행한 빛의 조도 차이

- 지상의 뉴트볼들은 중력으로 인해 지표쪽으로 길죽하게 늘어짐
  → 지표에서 수평으로 진행하는 빛은 뉴트볼 사이의 간격이 좁아
    진폭이 좁고 뉴트볼과의 충돌 단면적이 커서 산란율도 높음
  → 반면 수직으로 진행하는 빛은 진폭이 크고 산란율도 낮을 것
- 항공모함 갑판처럼 철판이 길게 깔린 지표 위에서
  수평으로 진행한 빛과 수직으로 진행한 빛의 조도 차이 확인

제3절. 표준우주모형에 대한 근본적 회의

제3절. 표준우주모형에 대한 근본적 회의

1. 빅뱅이론의 성립

만약 격자구조가 존재한다면 중력수축은 원천적으로 불가능하다. 일정한 벌크를 가진 소립자를 극미의 영역에 무한응축할 수는 없기 때문이다. 그러나 우주론자들은 팽창우주를 이야기한다. 특이점에 응축되었던 시공간이 요동하다 폭발하여 우주가 탄생하였고, 지금도 준광속팽창하고 있다는 것이다. 증거들이 너무나 확고하여 어떤 반론도 무용지물이지만, 팽창의 와중에 은하계를 형성하고 조화를 유지하는 건 가능한 일이 아니다. 특히 진공으로 렙톤을 어떻게 만들 수 있는가? 과연 우주는 무엇일까?

[1] 간섭계실험

영의 이중슬릿 실험으로 빛이 파동임을 밝혀지자, '에테르'라는 탄성적 미립자가 빠른 속도로 횡떨기를 해서 빛이 전파된다는 이론이 확산되었지만, 전기역학적으로는 에테르모형이 불편하였기에 '맥스웰 방정식'에 따라 전자기파를 기술하려는 기류가 강해지고 있었다. 이에 1886년, 마이켈슨과 몰리는 에테르의 존재를 증명하기 위해 '간섭계실험'을 진행하였다.

간섭계는 빛을 필터에 통과시켜 수평-수직의 두 갈래로 나눈 후, 반사판으로 다시 한 가닥으로 합치는 장치였는데, 가동반사판을 움직여 L1-L2가 진행한 거리가 다르게 만들면 합체한 빛 L3가 스크린에 간섭무늬를 만들도록 되어 있었다. 그런데 만약 에테르가 존재한다면 지구 자전에 따라 동-서로 진행한 빛은 남-북으로 진행한 빛보다 아침-저녁으로 더 많거나 적은 거리를 이동할 것이므로, L3에서 간섭무늬가 나타날 것으로 예측되었다. 그러나 7년간

실험을 반복해도 간섭무늬를 발견할 수 없어서, 그냥 흐지부지 되었다.

[2] 특수상대성이론의 성립

뉴튼역학에서는 정지상태와 등속운동을 할 때의 물리량이 동일하다. 예컨대 우리는 기차가 움직인다고 생각하지만 기차 위의 관찰자는 풍경이 움직인다고 인식하는 것처럼, 모든 관찰자는 자신이 정지해있고 상대방이 움직인다는 관점에서 물리량을 기술하기 때문에 '서로가 동일한 속도로 움직인다'고 인식한다.

그런데 간섭계실험에서 지구공전에도 불구하고 광속이 일정하다면 '상대성'의 원칙이 깨어져버리고, 두 운동계에서 관찰하는 상대방의 속도가 서로 달라져야 한다는 난제가 튀어나오게 된다.

이에 아인슈타인은 상대성원리와 광속일정 둘 다 옳다는 접근으로 난제를 해결하여 일대 센세이션을 일으켰다. 먼저 정지상태의 물리량을 운동상태의 물리량으로 표현하기 위해, 4차원 시간좌표 't'를 추가한 '로렌츠 변환식'을 도입한 결과 광속일정이 증명되었고,

일상적 물리현상에서는 c = 0가 되어 뉴튼역학과도 양립하였다.

이후 H. 민코프스키는 친구와 만날 때도 시간을 지정하는 것처럼 3차원 공간의 운동이 흐르는 시간 속에서 이루어지므로, 시간을 독립적 차원으로 간주하는 '시공간'의 개념을 제시하였다. 그러면 물체의 운동속도가 증가하면 시간이 그만큼 늦게 흘러야 일정한 물리량을 유지할 수 있다는 기묘한 결과가 나오게 된다. 즉 '운동이 서로 다른 차원으로 배분'될 수 있어야 한다는 의미이다.

여기에 착안하여 아인슈타인은 로렌츠변환식을 등속운동하는 관성계에도 전면적용하여, '모든 물체는 시공간 속에서 항상 빛의 속도로 움직인다'고 천명하였다. 물체의 운동속도가 느릴 경우 시간쪽으로 배분된 에너지가 많아 시간이 빨리 가고, 반대로 운동속도가 빨라지면 시간에너지의 몫이 점점 줄어들어 시간이 느리게 흐른다. 그럼 광속에 이르면 모든 에너지가 운동에너지로 전환되어 시간에너지는 '0'이 되어버린다. 즉 시간이 정지하게 되는 것이다.

여기에서 관찰자가 광자와 마주 보고 달리든 사선이나 반대방향으로 달리든 광속은 항상 30만Km/s로 일정하다는 '특수상대성원리'가 성립되었다. 또한 로렌츠변환식과 맥스웰 방정식을 조합하여 에너지에 관한 공식을 전개해본 결과, 물체에 가해진 에너지의 일부는 운동에너지로 전환되지만 나머지는 관성질량으로 전환된다는 결론이 내려졌다. 여기서 $E = mc^2$이란 공식이 도출되어 '에너지-질량보존의 법칙'이 성립하게 되었고,

원자폭탄을 통해 위 공식은 여지없이 증명되었다.

나아가 시간에너지를 함축한 시공간은 그 자체가 에너지의 근원이라는 개념으로 확장되었다. 예컨대 사물이 정지상태에 있더라도 지구공전에 따라 시간이 지나면 위치변경이 이루어지는 것처럼 시간 자체가 어떤 물리적 에너지를 가지게 된다는 것이다.

그래서 물체의 운동속도가 빨라지면 시간차원 에너지가 질량으로 전환되고, 광속에 근접할수록 질량이 무한대로 증가하여 초광속은 존재할 수 없고, 질량이 없는 광자는 시간에너지가 0이어서, 100억 년이 지나도 신생아 때의 모습 그대로이다.

[3] 별빛의 적색편이 ; 팽창우주의 발견

별빛을 프리즘에 통과시키면 띠 형태의 연속스펙트럼이 나타나는데, 광원 대기를 구성한 수소·칼륨 등의 궤도전자가 특정 파장의 빛을 흡수하기 때문에, 그 파장의 빛이 사라져 중간중간에 검은 암선 혹은 흡수선이 발견된다. 그런데 1912년부터 약 10년간 45개 성운의 스펙트럼을 관측한 결과 대부분에서 흡수선이 붉은색 쪽으로 늘어진 적색편이 현상이 발견되었다.

이에 1925년, E, 허블이 윌슨산 천문대에서 은하밖 성운들의

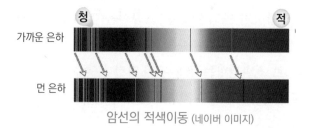

암선의 적색이동 (네이버 이미지)

정확한 거리를 계산해내자, 멀리 있는 성운일수록 적색편이가 더 커져서, 성운의 거리가 100만pc(1파섹 ; 3.26광년) 증가할 때마다 후퇴속도가 50~100Km씩 증가한다는 사실이 확인되었다. 이것은 음원이 다가오면 파장이 짧아지고 멀어지면 길어지는 도플러효과에 의한 것으로 해석되었다.

이에 '외부은하들은 거리에 비례한 속도로 서로에게서 멀어지고 있으며, 허블상수가 클수록 후퇴속도가 빠르다'는 '허블의 법칙'이 발표되었다.

[4] 빅뱅이론의 성립과정

❶ K. 슈바르츠실트 : 일반상대성이론에 따라 중력이 무한대로 증가하면 별의 형상이 붕괴되고 질량만 남아 극미의 영역에 응축되는 게 가능함 ; '특이점 정리'

❷ A. 프리드먼 : 우주는 고밀도상태에서 팽창을 시작하였음

❸ 아인슈타인 : 성운의 후퇴가 밝혀지자 우주의 팽창을 방지하기 위해 일반상대성이론에 집어넣었던 '우주상수' 취소

❹ G. 가모프 : 극미의 영역에 양성자 · 중성자 · 전자가 뒤섞여 매우 뜨거운 상태로 있다가, 대폭발이 발생하여 우주가 팽창하기 시작하였고, 수분 후 충분히 식어서 헬륨 등의 원소가 만들어졌음. 대폭발이 사실이라면 잠열이 식어 5°K 정도의 잔존복사가 우주공간의 모든 방향에 균일하게 분포되어 있을 것 ; 등방성 배경복사

❺ H. 호일 : 대폭발이론을 빅뱅이론이라고 조롱하면서 우주의 크기가 항상 그대로 유지된다는 '정상우주론' 주장

❻ 펜지아스 & 윌슨 : 홀름델 안테나를 수리하던 중 제거가 어떤 방법으로도 불가능한 잡음을 발견한 후, 그것이 2.7°K의 등방성 배경복사임을 밝혀내어 빅뱅모형에 대한 의심이 사라짐

❼ R. 펜로즈 : 블랙홀 중심에서 시공을 빨아들여 무한대의 밀도를 가진 특이점 발견

❽ S. 호킹 : 특이점의 시간을 되돌려 시공간이 물질을 방출하는 팽창의 과정 규명하였음. 진공을 입자-반입자가 명멸하는 에너지장으로 보는 양자역학적 개념을 원용하여, 특이점에 응축되었던 진공에너지가 양자요동을 일으키다 대폭발이 발생하는 과정 설명

호킹복사 ; 빅뱅 때 쌍생성되었던 음의 입자는 블랙홀로 다시 빨려 들어가고, 에너지가 충분한 양의 입자만 복사입자로 방출되어, 현상계가 입자군만으로 구성됨

❾ A. 구쓰 : 빅뱅모형의 치명적 약점은 열팽창 후 식으면 수증기가 식어 물발울이 맺힐 때처럼, 각 지점의 온도가 불균일해야 함에도 우주공간의 온도가 어디나 3°K로 일정하다는 점 → 이에 빅뱅 후 10^{-32}~10^{-35}초 사이에 특이점의 부피가 10^{100}배까지 급팽창하여 편평성이 확보되었다는 가설로 난제 해결 ; 인플레이션 급팽창

❿ 암흑물질 : 중력의 법칙이 맞다면 은하계 외곽으로 나갈수록 별의 공전속도가 느려져야 함에도, 중심과 외곽의 별들이 210~250 Km/s의 비슷한 속도로 공전하고 있었음 → 은하계 밖 30~60만 광년의 영역에 정체를 알 수 없는 거대 질량체인 암흑물질의 헤일로가 광배처럼 은하계를 감싸 외곽의 별들을 가속시키고 있음.

❶ 암흑에너지 : S. 펄머터 등이 80억 광년 저쪽의 초신성들을 관찰하던 중 적색편이 계수가 급격히 증가하는 현상을 발견하였음 → 우주의 끝을 향할수록 은하들의 팽창속도가 가속적으로 빨라지고 있음 → 빅뱅 후 소진되었던 진공에너지가 되살아났음.

이처럼 표준모형은 백여년간의 연구가 집적되어 도출된 결론이고, 아인슈타인의 중력파마저 검증되는 상황이어서 그 아성은 너무나 튼튼하다. 더구나 플랑크 위성으로 관측한 배경복사의 데이터로 우주의 질량을 계산해보면, 별과 성간가스 등을 포함한 물질이 전체의 5% 가량, 암흑물질이 27%, 암흑에너지가 68%를 차지하는 것으로 나타나, 합하면 정확히 100%가 채워진다. 이에 '정밀우주론'이라 자화자찬하는 상황에 이르렀다.

그럼에도 격자구조의 존재를 확인하는 순간 팽창우주는 원천적으로 불가능해진다. 렙톤의 형상을 으깰 방법이 없기 때문이다. 나아가 그 이론적 전제들을 하나씩 뜯어보면 모순된 상상으로 점철되어 있어서, 이것이 어떻게 표준우주모형으로 규정될 수 있었는지 저절로 고개가 갸웃거려진다. 그래서 다수의 학자들이 '가짜과학'이나 '철면피' 등의 용어로 격한 비판을 가하고 있는 실정이다. 그 허구성을 간단히 지적해 보기로 하자.

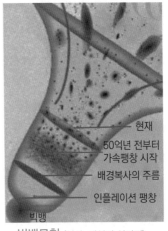

현재
50억년 전부터 가속팽창 시작
배경복사의 주름
인플레이션 팽창
빅뱅

빅뱅모형 (역상, 네이버 이미지)

2. 표준우주모형의 근원적 모순점

[1] 빅뱅모형

빅뱅은 다음과 같은 과정을 통해 이루어졌다.

① 특이점에 응축되었던 시공간이 양자요동을 일으키다 빅뱅 발생 → 진공에너지가 열에너지로 1차 상전이

② 빅뱅 10^{-43}초 후 핵력·약력·전자기력이 분리되지 않은 힘의 대통합 상태에서 시공간이 순식간에 10^{100}배로 부푸는 '인플레이션 급팽창'이 발생하여 우주의 뼈대가 형성되었음

③ 10^{-32}초 후 핵력이 분리되어 열에너지가 쿼크쌍을 뱉어내는 2차 상전이가 발생하였음 → 우주는 쿼크, 전자, 기타의 소립자 및 배경복사로 들끓는 플라스마 상태가 되었음

④ 10^{-10}초 후 전자기력과 약력이 분리되어, 쿼크-반쿼크 쌍소멸에서 살아남은 여분의 쿼크로 양성자·중성자 등이 생성되었음

⑤ 1초 후 전자-반전자 쌍소멸로 잔류전자만 남게 됨

⑥ 3분 후 양성자-중성자의 결합에너지가 배경복사보다 커져 원자핵이 형성됨

⑦ 38만 년 후 전자-핵자 결합으로 중성원자가 탄생하였고, 물질과의 상호작용에서 벗어난 배경복사가 방출되어 우주가 맑게 갬

⑧ 2억 년 후 배경복사의 미세한 주름으로 인해 물질이 뭉쳐져 별이 형성되었고, 별 중심의 뜨거운 압력으로 수소가 헬륨으로 합성되는 '열핵반응'으로 드디어 최초의 빛이 우주를 밝게 되었음.

⑨ 10억 년 후 최초의 원시은하 탄생

⑩ 70억 년 후 진공에너지가 되살아나 우주의 가속팽창이 시작됨

[2] 시공간 개념의 허구성

빅뱅론은 한 마디로 시간이 꿈틀거려 우주의 출발이 이루어졌다는 것이다. 투명했던 진공이 요동하여 이무기처럼 불을 뿜어내고, 시공간이 팽창하여 우주가 팽창한다. 그 너머엔 허공조차 없으므로 시공간이 존재의 전부이다. 그래서 창조주이신 시간의 신비적 능력을 주제로 다양한 저서가 나오고 있지만, 쉬이 수긍이 되시는가?

❶ 아인슈타인은 간섭계실험을 진공에 대한 증명으로 간주하였지만 실상 그것이 진공을 증명하는 건 아니었다. 이후에도 에테르의 존재를 증명하려는 몇 번의 실험들이 모두 실패하였지만, 에테르의 속성에 관한 애매한 개념 때문이었을 가능성이 크다.

❷ 우주 속의 모든 존재는 회전하며 움직인다. 이로 인한 좌표이동이 곧 시간이다. 입자가 움직였던 이전 좌표의 기록은 없고, '현재의 연속'만 있을 뿐이다. 시간은 단지 이전의 위치 · 위상을 기억하는 인간이 만들어낸 관념체에 불과하다. 개체의 움직임 · 좌표이동 · 상태변화는 역학적 상호작용에 따른 것이지, 시간의 추동으로 이루어지는 건 아니다. 파생적 관념체에 무슨 에너지가 있는가?

❸ 광속일정의 법칙 자체가 성립되지 않는다. 30만Km/s라는 것은 4℃ 진공에서의 속도이고, 온도가 오르면 광속은 빨라지고 파동은 느려진다. 매질 속에서는 현격히 느려지고, 중력장 속에선

휘어진다. 이렇게 환경적 변화에 종속적인데 광속불변이란 말이 성립되는가? 따라서 우주에서 내가 10만Km/s로 달리면 마주 오는 광자는 20만Km/s로 관측되는 게 옳다.

❹ 모든 우주적 존재는 힘을 교환하면서 상호작용한다. 물체의 속도·질량은 '환경적 조건'에 따라 증감하는 것이지, 스스로 창출하는 것이 아니다. 선박의 좌우로 이동하면서 균형을 잡아주는 평형수처럼 시간에너지가 이동하는 방향에 따라 속도·질량의 증감이 이루어진다는 것은 '닫힌 계'에서나 가능한 일이지, 외부에서 제3의 에너지가 들락거리는 작용-반작용의 세계에서는 성립불가하다.

❺ 시간이 에너지를 가지려면 물이 낮은 곳으로 흐르듯 밀도가 높은 곳에서 낮은 곳으로 흘러야 한다. 즉 t-t' 사이에 위상차가 있어서 뒤의 시간이 앞의 시간을 밀어내야 하고, 엔트로피가 작용하여 위상차가 사라지면 시간도 정지해야 하고, 속도가 증가하여 위상차가 커지면 t'-t 로의 역행도 가능해야 한다. 그런데 현실의 시간이 그런 압력으로 흘러가는가? 그냥 평탄하게 저절로 흘러가는 것 아닌가?

❻ 중력장도 시공간이 왜곡된 것이므로 고도에 따라 시간이 다르게 흘러야 하며, 속도증감으로 시간의 밀도에 위상차가 변화하면 물체의 개별적 시간 역시 빠르거나 늦어져야 한다. 그럴려면 시간은 알갱이의 집합체여야 하고, 운동계마다 시간이 다르게 흘러야 한다. 하지만 크고 작은 모든 물체의 시간은 지구의 시간과 똑 같이 흘러가지 않는가?

❼ 모든 물리적 힘은 보손이라는 매개입자의 교환에 의해 이루어진다. 따라서 시간이 질량으로 교환되려면 '시간자'라는 매개체가

있어야 하고, 물체의 속도가 느려질 때 방기되는 질량을 흡수하여 4차원 공간 어디에 숨겨놓을 수 있는 메커니즘이 있어야 한다. 그럼 회수된 질량만큼 3차원 에너지가 증발해야 하는데, 현실에서 에너지 보존의 법칙은 엄연히 지켜지고 있다. 누출이 없지 않은가?

❽ 특수상대성이론이 예견했던 '시간지연효과'가 다양한 실험으로 확인되고 있지만, 실제로도 그러할까? 핵력에서도 언급하였듯이 온도증가로 뮤온의 수명이 늘어나는 것은 내외부 밀도차의 감소에 의한 것이고, 파이온이 태양을 건너오는 것도 공간에너지가 밀집되어 해체압력이 줄어든 것이다. 인공위성 등에서 미세한 시간지연이 관측되는 것은 중력의 약화로 인한 질량증가로 세슘시계의 작동이 둔해졌을 가능성이 있다. 이처럼 정해진 결론에 갖다 끼우면서 다른 원인이 배제되었을 가능성이 크다.

❾ 그 모든 것을 떠나 시간지연은 움직이는 물체의 '주관적 느낌'일 뿐이다. 빛은 엄연히 8.3분이 지나야 태양에서 지구로 건너올 수 있고, 우리는 좌표이동에 걸린 시간만 관측할 수 있다. 빛이 느낀 시간지연은 결코 관측될 수 없고, 3차원 공간의 어떤 것도 변하지 않는다. 그런데 유령 같은 4차원적 물리량에 관심을 가져야 할 이유가 무엇인가? 과학은 검증된 현상만 진실로 인정하자는 것 아니었던가? 시간지연이 어떻게 4차원에 대한 검증인가?

❿ 따라서 시공간은 존재하지 않는다. 눈에 보이는 3차원 공간이 우주의 전부이다. 설령 4차원이 존재하더라도 3차원과 에너지를 교환할 통로나 매개입자가 전혀 없다. 시간은 불가역적 파생물에

불과하여 독립된 계를 가질 수 없고, 공간을 끈적하게 만들 원천도 없다. 공간은 진공이 아니라 다른 무언가로 채워져 있다. 그래서 좌표 지점이 존재한다. 있는 것을 없다 한 이것이 원죄의 출발점이다.

[3] 특이점의 허구성

❶ 펜로즈와 호킹은 '팽창우주의 시초나 별의 붕괴 말기에는 필연적으로 시공의 특이점이 존재한다'고 하면서, 특이점은 '중력의 고유세기가 무한대로 발산하는 시공의 영역'으로 규정하였다. 여기에서는 '인과적 기술마저 보장되지 않는다'고 한다.

❷ '밀도가 무한대이면서 부피가 0'인 특이점이 현실에서 가능할까? 물론 시공간을 에너지의 근원으로 보고, 팽창우주를 발견했다면 역으로 쿼크만한 영역에 지니의 램프처럼 우주적 질량을 구겨넣을 수도 있을 것이다. 그러나 양성자와 렙톤은 어떤 힘으로도 붕괴되지 않는다. 이걸 소거하지 않고서 중력수축이 가능한가?

❸ 중력은 질량에서 발생하는 힘이다. 렙톤의 껍질이 깨어져 질량이 흩어지면 에너지가 방출되면서 중력은 사라진다. 즉 중력은 입자만 가질 수 있고, 에너지와 시공간엔 중력이 없다. 그런데 별의 형상 없이 질량의 무한응축이 가능한가? 한번 응고된 중력이 영원히 흩어지지 않는다는 건 어떤 요술로도 불가능한 난센스이다.

❹ 시공간은 빅뱅 이후에 빠져나왔으므로 우주적 시간은 특이점의 알이 깨지는 순간부터 흐르기 시작했다. 그럼 시간이 없는 특이점에 시공간이 존재했던가? 특이점엔 양자라는 알갱이 자체가 없고,

그것이 요동하려면 위상차가 있어야 하는데, 한 덩어리 시공간에 그런 경계가 어떻게 존재하는가?

요동이란 사건이 벌어지려면 흐르는 시간 속에 상태의 변화가 있어야 하는데, 특이점에선 좌표이동 자체가 불가능하다. 실상 양자요동은 입자들이 격자구조와 충돌하여 일으키는 명멸현상에 불과하여, 거기서 진공에너지를 떠올린 것 자체가 착시의 산물이었다. 호킹은 환영을 본 것이다.

[4] 상전이 개념의 허구성

❶ 빅뱅은 진공에너지의 요동 → 열에너지 → 인플레이션 팽창 → 쿼크쌍 방출이라는 다단계 상전이 과정을 거쳐 이루어진다. 물이 고체-액체-기체로 변하는 것과 같은 상태의 변화는 에너지의 증감과 같은 환경적 조건의 변화에 따른 것이다. 그런데 외부란 개념 자체가 존재하지 않는 특이점에서 '스스로' 요동하다 폭발한 후 몇 차례나 상을 바꾸는 게 가능하겠는가?

❷ 실험실에서 쌍생성은 '충돌'이라는 사건으로 추발된 것이지, 그냥 뜨겁다는 것만으로 입자쌍이 튀어나오지는 않는다. 또한 콤프턴현상에서 감마선·X선이 전자와 충돌하면 파장이 늘어지듯이 빛은 한번 산란될 때마다 에너지가 줄어든다. 따라서 복사는 빛과 종류가 다른 전자기파로 태어난 것이 아니라, 빛의 원형인 감마선이 X선-자외선-가시광선-적외선으로 다운그레이드 된 후, 한번 더 붕괴하여 마이크로파가 생성된 것으로 보아야 한다.

햇살이 비치면 이마가 뜨거워지듯이 빛이 쪼개질 때 쏟긴 에너지가 열이 되는 것이지, 열이 빛과 입자쌍을 만들 수는 없다. 이미 플랑크는 열이 양자 알갱이로 구성되고, 뜨겁다는 것은 양자의 밀도가 높다는 것임을 밝힌 바 있으니, 입자적 전환이 선행된 후 열적 전환이 가능하다. 상전이 순서에 중대한 착오가 있는 것이다.

❸ 편평우주를 설명하려면 급팽창이 불가피하지만 그 에너지원이 무엇인가에 관한 학계의 반론에 대해서는 어떤 답도 할 수 없다. 아무리 특이점에서 인과율이 증발한다 하지만 최소한 1차 폭발 후 추가된 무언가가 있어야 급팽창이란 상황변동이 발생할 수 있다. 그냥 저절로 그렇게 되는 건 물리세계에서 가능하지 않다.

[5] 등방성 배경복사

급팽창이 사실이라면 '우주공간 모든 지점의 온도가 균일'한 '열평형상태'여야 하므로, 당시의 잠열이 식은 저온의 복사가 모든 방향에서 균일하게 검출되어야 한다. 그런데 실제로 2.7°K의 배경복사(CMB)가 우주공간의 모든 방향에서 배경을 이루고 있다는 사실이 발견됨으로써 빅뱅은 돌이킬 수 없는 진실로 인정되었다.

한편 숯검정 같은 흑체도 모든 파장의 빛을 흡수하므로 열평형 상태에 있을 것이다. 그래서 항아리 같은 물체에 뚜껑을 씌워 내부를 흑체로 만들고, 작은 구멍을 뚫어 빛을 쪼인 후, 거기에서 방출되는 흑체복사와 배경복사의 스펙트럼을 비교하는 실험이 무수히 이루어졌다. 그런데 코비위성의 다년간 관측으로 얻은 배경복사와 흑체복사의 파장이 완벽하게 일치하였다. 화룡점정이었다.

그러나 복사의 정체는 무엇인가? 한겨울 모닥불을 피우면 공기는 찬데 손바닥은 따뜻해진다. 열 알갱이가 열전도 방식이 아닌 양자 상태로 건너와 손바닥에서 터졌기 때문이다. 마찬가지로 태양복사는 열손실 없이 머나먼 우주공간을 달려와 지구를 데운다. 대체 열은 어떻게 알갱이를 형성할 수 있을까? 어떤 캡슐에 싸여 있어야만 가능한 일이다. 대체 어떤 소재가 캡슐의 역할을 할 수 있을까?

그보다 복사와 빛의 속도는 동일하므로, 빛이 늙지 않듯이 복사도 영원히 식지 않아야 하는 것 아닌가? CMB는 빅뱅 38만년 후 플라스마가 식어 수소원자들이 떨어져나가면서 방출되었다 했는데, 당시 3,000°K였던 복사가 100억 광년의 거리를 달려오면서 2.7°K 까지 식었다면, 80억-50억-30억 광년 저쪽에서 달려온 복사는 각각 온도가 달라야 하는 것 아닌가?

특정 시점에서는 등방적일 수 있지만, 지구에서 관측할 때 등방적이어서는 안 되는 것 아닌가? 아니면 배경복사가 그냥 정지상태로 공간의 전역에 퍼져 있는가? 그럼 공간 저쪽의 상태를 초광속으로 알려줄 메신저가 없는데, 등방성이 어떻게 가능한가?

무엇보다 지구 자체가 거대한 흑체라는 사실이 간과되고 있다. 눈앞의 사물들은 각각 색깔이 틀리고, 각 지점의 온도도 다르겠지만, 지구 전체적으로 볼 때 지표는 모든 파장의 빛을 흡수한 후 복사로 방출한다. 거시적으로 볼 때 지구 자체가 흑체인 것이다.

그럼 먼 별에서 오는 복사 역시 처음엔 감마선으로 태어났다가,

광원물질과 산란하여 알맹이는 날아가고 마이크로파만 건너오는 것이므로 흑체복사와 성질이 동일할 수밖에 없다. 그런데 배경복사가 빅뱅 38만 년 후의 그것이라고 단정할 근거가 있는가? 양자의 파장이 일치한다고 경탄하는 것은 동전이 구리로 만들어졌다는 사실에 경탄하는 것과 같지 않은가?

[6] 적색편이

팽창우주론의 가장 확고한 증거는 별빛의 적색편이였다. 그러나 도플러효과란 무엇인가? 주지하다시피 소리는 공기가 전한다. 그래서 기차가 B를 향해 달리는 경우 각 순간의 음파는 334m/s로 달리고 있는데, 다음 음파는 기차의 속도만큼 다가온 상태에서 방출되므로, 선행음파-후행음파 사이의 간격이 좁아져 B는 점점 고음의 기적소리를 듣게 된다. 반면 A에게 전달되는 음파는 파장이 늘어져 저음이 된다.

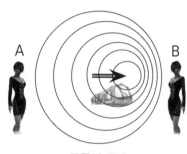

도플러 효과

이처럼 도플러효과는 ①음원의 이동으로 ②소밀파의 파장이 좁아지거나 넓어져서 발생하는 현상이다. 그런데 빛은 매질 없이 홀로 움직인다. 엄마별을 떠나는 순간 탯줄은 끊어지고, 모든 광자의 속도가 동일하여 서로의 간격이 늘어지거나 좁아질 일도 없다. 빛의 파장은 오직 함축한 에너지의 크기를 나타낼 뿐인데, 이 하나의

미지항에 엄마별의 이동속도에 관한 정보를 담을 방법이 없다.

그럼에도 특수상대성이론이 빛의 노화를 인정하지 않고 영원히 신생아의 모습 그대로라고 규정하므로, 그것을 시공간의 팽창에 의한 것으로 해석해버린 것이다. 그러나 본론은 빛이 입자임을 이미 증명하였다. 뒤꽁무니의 전기장-자기장은 제트기 꼬리의 구름띠와 같을 뿐, 오직 헤드의 크기가 파장을 결정하므로, 공간이 팽창한다고 그 크기가 줄어들 리가 없다.

더구나 속도가 빠르면 마찰만 늘어날 뿐이다. 그래서 R. 툴만은 빛이 오랜 세월 공간을 여행하면서 세파에 시달려 에너지의 일부가 소진된 결과 적색편이가 발생한다는 '피곤한 빛 이론'을 주장하였다. 그러나 '이 정도의 적색편이가 발생하려면 우주공간에 수박만한 바위가 널려있어야 한다'는 허블론자들의 비판과 상대성이론의 성공 앞에 푹 찌그러졌었지만, 지금의 관측자료들을 통해 볼 때 ①성간물질의 이온화 ②먼지구름이라는 두 가지 분명한 이유가 있다.

먼저 빛이 이온화된 입자층을 통과할 때 에너지가 급격히 약해지는 속성은 잘 알려진 사실이다. 그런데 우주 공간은 온통 전기의 덩어리이다. 수소 · 헬륨 · 먼지 등의 성간물질들은 대부분 이온상태이고, 거기서 박리된 궤도전자도 찾을 수 없어 대규모의 양전자와 쌍소멸한 것으로 추정되고 있다.

전파 분석 결과 은하계 전체가 강력한 자기장에 휩싸여 있다는 사실도 확인되었다. 특히 찬란한 빛무리가 은하계를 둘러싸고 있다는 것은 그만큼 성간물질과 많은 산란을 일으킨다는 의미이다. 그럼 이 공간을 헤쳐나온 빛의 행색이 남루해질 것은 당연한 일 아닌가?

빛이 별을 빠져나오는 과정도 험난하기만 하다. 별 중심에서 생성된 감마선은 수백만 년에 걸쳐 표면까지 올라오는데, 탄소· 나트륨·칼슘·철 등의 원소들은 쏟아지는 잠열로 격렬하게 충돌하면서 궤도전자가 들뜰 때는 빛을 흡수하고, 바닥상태로 천이할 때는 방출선을 내놓는다. 감마선은 이렇게 요동치는 원자들을 통과하면서 X선-자외선-가시광선-적외선의 단계로 붕괴하며, 대기 중에서도 그런 과정이 연속된다.

이 과정에서 원소들은 다양한 파장의 방출선을 내놓는다. 예컨대 코로나에서 검출되는 30여 개의 방출선 중 녹색선은 전자 13개를 잃은 철, 적색선은 9개를 잃은 철에서 나오고, 다른 원소들도 고도로 이온화되어 다양한 방출선을 내놓는다. 이들 수만 개의 방출선이 모여 연속스펙트럼을 구성하고, 자세히 관찰해보면 서너 개씩의 수소방출선-흡수선 외에 1,400개 이상의 흡수선이 발견된다.

여기서 하나의 의문이 생긴다. 태양은 수소·헬륨의 덩어리이므로 이걸로 만들 수 있는 방출선은 10개 남짓에 불과하다. 그런데 광구를 빠져나오는 빛은 수만 개의 방출선이 뒤섞인 연속스펙트럼을 형성한다. 외핵과 주변부에 100종 가까운 원소들이 산재해있어야 가능한 일이다. 별의 중심부에서만 핵합성이 가능하다는 열핵반응 모형으로는 상상조차 힘든 일인 것이다.

마찬가지로 무수한 흡수선이 관찰된다는 건 태양 대기에도 수십 종의 중원소가 혼합되어 있어야 가능한 일이다. 이 원소들이 플레어의 활동에 따라 멀어지거나 가까워져 청색편이-적색편이가 나타난다고 하는데, 빛이 플레어의 에너지를 일부 흡수하면 청색편이 그것이 식으면 적색편이가 나타난다고 보는 것이 옳다.

방출선들이 별을 빠져나오려면 최종적으로 전리층을 통과해야 한다. 지구 상공에도 초거대 방사능대인 반알렌대가 있는데, 하물며 태양의 전리층은 상상초월의 두께와 밀도를 가질 것이다. 코로나의 온도가 터무니없이 높은 수백만℃에 이르는 것도 복사마저 차단하는 전리층 효과 때문일 것으로 추정된다.

따라서 방출선들은 광원대기와 전리층을 통과하면서 에너지의 상당부분을 유실한 적색편이 상태로 출발할 가능성이 높다. 우리가 보는 별빛은 광원대기가 흡수하고 뱉어낸 방출선만 보는 것이어서, 각 별의 구조적 특성에 따라 스펙트럼도 달라지게 된다.

애리조나대 W. 티프트는 타원은하보다 상대적으로 어두운 나선은하의 적색편이가 더 높다는 사실을 발견하고, '적색편이가 은하팽창에 의한 것이 아니라, 은하의 밝기·질량과 같은 본래적 특성의 하나일지도 모른다'는 견해를 제시하였는데, 이온화된 먼지층의 밀도가 중대한 원인일 것이다.

[7] 암흑에너지

S. 펄머터 등이 암흑에너지의 존재를 예견한 이후, 대규모 다중적색편이 분석으로 상세한 3차원 우주지도를 그리려는 슬로언디지털전천탐사(SDSS) 계획이 진행되면서, 5만 개 이상의

퀘이사·초신성·먼 은하들이 발견되었다. 적색편이 값 z는 빛의 파장을 적색편이 양으로 나눈 값 $z = \delta\lambda/\lambda$ 로 표현되는데, 100억 광년을 넘는 z = 2~6 범위의 퀘이사들도 6,000개 가량 발견되었다.

나아가 우주 나이 138억 살보다 9억 살 젊은 z = 7의 퀘이사, 또 4억 살 젊은 'GN-z11'이 발견되었고, 심지어 z = 20~30에 이르는 퀘이사도 발견되며, 'VR7'은 최초의 별도 형성되지 않은 1.5억 광년의 거리에서 발견되었다.

더구나 유럽 남방천문대는 빅뱅 후 10억 광년의 위치에서 무려 574개의 거대은하를 찾아내었는데, 전체 거대은하의 절반 가량이 우주의 끝에 몰려있다는 사실이 확인되었다. 또 130억 광년 거리의 'A1689 zD1'은 초기 우주에 존재해서는 안 되는 탄소·규소·철 등의 중원소를 함유하고 있었다.

뭔가 이상하지 않은가? 빅뱅 초기의 원시은하들은 1/5정도 크기여야 하는데 오히려 웅장하고 성숙된 은하가 즐비하고, 심지어 태양질량 100억 배, 400억 배, 1,000억 배가 넘는 초대질량 퀘이사까지 발견된다. 뭔가 통째로 잘못된 것 아닐까? 혹시 실제로는 멀지 않은 곳에 있는데, 다른 이유로 적색편이 값이 높게 나타나는 것 아닐까? 밝고 질량이 클수록 z가 높아지는 원인이 있지 않을까?

답은 '먼지'이다. 예컨대 블랙홀의 경우 초신성 폭발 때 별의 껍데기는 날아가고, 먼지는 강착원반으로 떨어지기 때문에 주변이 맑아야 한다. 그런데 사건지평선 망원경으로 우리 은하계 중심의 궁수자리 Sgr A*(에이스타) 블랙홀을 관측한 결과 짙은 먼지에 싸여 내부 관측이 불가능했고, 서편에선 이온화된 나선형 구조의 먼지·가스구름이 무려 1,000Km/s의 무서운 속도로 회전하고 있었다. 먼지들이 왜? 아마도 초신성 폭발 때 비산하면서 궤도전자를 잃은 먼지들이 정전유도로 인해 구름처럼 달라붙어 소량의 궤도 전자를 탈취하려고 필사적인 전투를 벌이고 있을 것이다.

먼 우주에서 발견되는 퀘이사들 역시 짙은 먼지구름을 가진다. 랭카스터대 팀이 발견한 초기은하들은 한결같이 커다란 '이온화된 가스구름'이 전체를 덮고 있었다. 먼지구름의 두께는 수천 광년에 이르러 강착원반을 훨씬 넘어서는 규모이다. 여기서 철 등 중원소의 방출선이 관측되기도 한다. 이들 이온들은 안개처럼 자욱하게 깔린 게 아니라 끈적하게 응집되어 격하게 유동하고 있을 것이다.

퀘이사 중심의 방출선들이 먼지구름을 통과하면 어떻게 될까? 흡수-방출의 과정을 거칠 수도 있고, 핵자와 충돌하여 산란되면서 에너지의 일부를 잃을 수도 있고, 초강력 전기장 자체가 빛의 에너지를 약화시킬 수도 있다.

그럼 적색편이는 당연한 결과이다. 크고 밝은 퀘이사일수록, 활동적인 거대 천체일수록 더 많은 먼지층이 비산하므로 적색편이가 비정상적으로 커질 수밖에 없다. 그래서 초대질량 퀘이사와 성숙한 은하들이 초기 우주의 영역에서 집중적으로 발견되는 것이다.

따라서 70억 광년 저쪽의 은하들이 기속팽창하고 있다는 결론은 빛의 무결성만 믿고 적색편이의 빨간 입술에 속아넘어간 착시의 산물일 뿐이다. 계산상 가장 먼 은하의 팽창속도가 무려 광속의

94%에 이르는데, 그럼에도 배경복사의 등방성과 우주의 안정성이 유지될 수 있다는 걸 믿을 수 있겠는가? 당연히 적색편이를 먼저 의심했어야 하는데, 오히려 빅뱅 때 소진되었던 진공에너지가 되살아난 것으로 설명하고 있으니 좀비우주론인가 싶으다.

문제는 이렇게 적색편이를 못믿게 되면 지금까지 그것을 기준으로 산정해왔던 먼 은하들의 거리가 모두 무효가 된다는 것이다. 70억 광년 저쪽에 있다는 퀘이사와 은하들의 거리도 믿을 수 없고, 138억 광년이라는 우주의 나이 또한 의심스러워진다. 실제의 우주는 지금까지 그려왔던 지도와는 상당히 다른 모습일 가능성이 높은데, 이 일을 어떻게 해야 하나?

2005년 핼튼 아프 등은 3.6억 광년 거리의 'NGC 7319' 은하 뒤쪽에서, 강한 X선을 내뿜는 100억 광년 거리의 퀘이사를 발견하였다. 그런데 퀘이사의 제트에서 분출되는 물질이 모은하의 가스와 상호작용하는 흔적이 발견되었다. 이에 빅뱅론자들은 우연히 겹쳐 보이는 것이라면서 펄쩍 뛰었지만, 추가적인 연구에서 양자 사이에 연결된 밝은 다리가 확인되었다.

또한 1.7억 광년 거리에서 1,800Km/s의 속도로 후퇴하는 'NGC4319' 은하와 12억 광년 거리에서 21,000Km/s의 속도로 후퇴하는 'Markarian205' 퀘이사 사이에서도 두 천체를 연결하는 밝은 다리가 확인되었다.

이제 무엇을 믿을 수 있겠는가?

[8] 기이한 팽창모형

만약 빅뱅이 실제의 사건이었다면 '팽창의 중심'이 있어야 한다. 모든 별은 방사선형으로 퍼져나가므로 중심은 도넛처럼 공동으로 관찰되고, 끝을 향할수록 은하들의 간격이 듬성듬성해져야 한다.

그러나 우주에는 팽창의 중심도 없고, 은하들은 기이할 정도로 '비슷한 간격'으로 분포되어 있다. 심지어 수십억 광년 길이의 은하들이 거대구조를 이루고, 일련의 퀘이사들은 스핀방향까지 정렬되어 있다. 팽창우주에선 일어나서는 안 되는 일들인 것이다.

이것을 흔히 '풍선불기'의 비유로 설명한다. 즉 풍선 표면에 세 개의 점을 찍고 바람을 불어넣으면, 점들은 정지상태임에도 점 사이의 거리가 멀어진다. 여기서 풍선은 4차원 시공간이어서, 3차원 은하들은 표면에만 존재하므로 어떤 은하도 중심이 될 수 없다. 마찬가지로 우주의 팽창도 은하들의 팽창운동에 의한 것이 아니라 진공에너지의 작용으로 뽁뽁뽁~ 시공간이 튀어나와 부풀어오르는 것이다. 우주란 곧 시공간이 생성된 범위를 말하며, 시공간 밖은 존재 자체가 없어서 진공도 무도 없다.

여기에 '우주론 원리'라는 신비적 개념이 추가된다. 우주물질은 등방적으로 채워져 있어서 어떤 빈공간이나 경계도 없고, 어떤 특별한 위치도 존재하지 않는다. 어떤 방향을 보든(등방성) 어떤 위치에서 보든(균질성) 똑 같이 보이기 때문에 어떤 특별한 위치도 없고, 무게중심과 같은 중심부도 존재하지 않는다.

우주는 4차원 시공간이어서 거시적으로 어디나 동일하며, 우주

끝의 은하도 자신이 중심에 있는 것처럼 느낀다. 우주는 '중심도 가장자리도 없는 4차원 공'이다.

어떤 느낌이 드시는가? 혹시 사기를 당하는 것 같은 싸한 느낌 없으신가? 아님 진짜로 착하셔서 님들 눈에도 시공간이 보이시는가? 우리는 3차원 공간만 체험할 수 있고, 모든 우주적 관측은 은하의 천구상 위치 · 거리 · 팽창속도라는 3차원적 척도로 이루어져왔다. 우주가 팽창한다는 것은 곧 3차원 공간이 팽창한다는 것인데, 시공간이 안팎의 위치구분마저 못하도록 혼신술이라도 썼다는 건가? 허블망원경은 시공간을 찍어내는 신비적 장치이던가?

팽창은 어떤 경우에도 '밀도차'가 있을 때에만 발생한다. 안쪽의 밀도가 높거나 주변부의 밀도가 낮을 때 압력의 균형점으로 이동하는 것이 팽창인데 우주원리가 어떻게 성립할 수 있는가? 풍선에 찍힌 점들은 서로에게서 멀어지는 동작을 한 것이 아니라, 처음 작은 곳에 모여있다가 외부라는 한 방향으로 좌표이동을 했을 뿐이다. 팽창이란 오로지 외부를 향해 달려나가는 한 가지 동작 외엔 없다.

우주 끝의 팽창속도는 광속의 94% 정도라는 결론이 내려져 있다. 그럼 광자의 실제속도는 '광속-팽창속도'일 것이므로, 우주 끝에서는 '30만Km/s×(1-0.94) =1.8만Km/s'의 속도로 출발했다가 점점 가속이 붙어 지구에서 30만Km/s로 관측되어야 한다.

그런데 달려오는 중간에도 공간이 계속 부풀고 있으므로 최소 천억 광년이 지나야 간신히 지구에 도달할 것이고, 그 순간 엄마별은 그만큼의 거리까지 멀어져 있을 것이다. 그럼 시공간의 밀도차가 급격해져 우주의 균형이 벌써 깨어져야 하지 않겠는가?

그럼에도 광속일정이라는 슈느님의 말씀을 지키려면, 광자가 실제로 달린 거리는 광속에 팽창속도를 더해야 하므로 우주 끝에서는 초당 58.2만Km의 거리를 달려야 하고, 우주공간 각 지점의 팽창률에 따라 실제 광속이 달라지므로, 광자가 축공법을 배워야 가능한 일이다. 이렇게 광속일정이 악착같이 지켜진다면 0.94c의 속도로 후퇴하는 은하에 대해서도 빛은 30만Km/s의 속도로 우주 밖으로 달려나가므로, 은하가 없는 수천억 광년의 영역까지 시공간이 확대되어 있어야 한다.

이처럼 팽창우주론은 역설과 자가당착의 집약체이다. 상식과 기본적 물리법칙마저 뒤집어지고, 모든 게 엉켜 엉망이 되어버린다. 우주가 1광년 커질 때마다 그 부피는 세제곱의 단위로 늘어날 텐데, 진공에너지는 어떻게 시간이 지날수록 기하급수적으로 볼륨을 키울 수 있는가? 온 마을을 좀비세상으로 만드는 데도 바이러스가 필요한데, 시간은 대체 어떤 메커니즘으로 물리공간을 무한복제하는가? 특이점을 깨고 나온 현실에서는 최소한의 물리법칙은 지키면서 행동해야 하는 것 아닌가?

[9] 중력신에 대한 회의

은하계의 형성은 빅뱅 38만 년 후 물질과 배경복사가 분리되고, 2억년 후 배경복사의 미세한 밀도차이, 즉 주름으로 인해 중력이 발생한 것으로 설명된다. 코비위성의 배경복사 지도에서는

10만 분의 1 정도의 밀도차가 확인되었고, 그 정도의 주름이면 우주를 지금의 모습으로 형성하는 데 충분한 것으로 계산되었다. 인플레이션 팽창의 진실성을 확인해주는 짜릿한 쾌거였다.

그러나 원초적 의문이 있다. 우주가 팽창하면 입자는 속도의 제곱에 해당하는 운동에너지를 갖고, 자체의 질량도 증가한다. 그런데 전자기력 10^{-38}에 불과한 중력으로 선행입자들의 뒷머리를 낚아채는 게 가능할까? 이에 입자는 정지상태이고 시공간만 팽창할 뿐이라는 설명도 있지만, 강물에 떠내려가는 물건을 건지려면 '중량+물살'의 힘이 필요한 것처럼, 입자들은 시공간에 떼밀리는 순간 그와 동일한 운동에너지를 갖게 된다. 그럼에도...?

D. 카피지는 행성의 형성이 하나의 중심에서 점점 커지는 것이 아니라, 암석덩어리와 같은 무수한 미행성체들이 충돌하고 응축하는 과정을 무수히 반복하면서 성장하게 되는데, 실험적으로는 가스구름에서 응축된 자갈 크기의 알갱이들이 서로 부착하는 대신 오히려 충돌하면서 잘게 부서지는 경향이 있다고 하였다. 그럼 최소 1Km 이상의 미행성체를 형성해야 최초의 중력이 발생하는데, 자연적으로 그런 일이 발생하려면 '이론에 기적이나 속임수를 도입하는 방법밖에 없다'고 힐난한다.

암흑물질에 관한 논란도 의문투성이다. 1960년대에 베라 루빈은 은하계의 별들이 중심에서의 거리와 무관하게 210~250Km/s의 비슷한 속도로 공전하고 있다는 사실을 발견하였고, 이후 다른 은하들도 외곽 별들이 지나치게 빨리 공전하고 있다는 사실이 확인되었다. 충격적인 일이었다. 원반 외곽으로 나가면 중력이 점점 약해져, 이렇게 빨리 공전하면 원심력으로 은하계가 분해되어야 할 텐데 안정적 운행이 가능한 이유는 무엇인가?

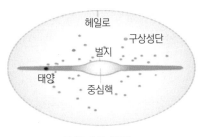

은하계의 구조

이것이 가능하려면 은하계 질량 6~10배 정도의 물질이 은하계 밖 30~60만 광년의 영역에 광배처럼 감싸고 있어서, 그 중력으로 외곽 별들이 가속된다는 결론을 내리고 그것을 암흑물질로 불렀다.

'중력렌즈 현상'이 그 증거로 해석되었다. 우주사진에는 은하의 뒤편에 위치하여 가려진 은하의 별빛이, 앞쪽 은하의 강력한 중력으로 인해 굴절하여 신기루처럼 여러 곳에 투영되는 영상이 관찰되는데, 'Abel 1689'의 경우 암흑물질이 은하질량의 6배에 해당하는 것으로 계산되었다. 최근에는 허블우주망원경, WMAP 위성사진 등을 분석하여 은하계 주변에 산재하는 암흑물질의 분포도를 그려낼 수 있게 되었다.

이에 암흑물질의 실체를 규명하기 위해 ❶가스나 먼지처럼 망원경에 잡히지 않는 중입자 ; MACHOs ❷중성미자처럼 운동속도가 빠른 물질 ❸뉴트랄리노·윔프·액시온처럼 태초에 은하의 씨앗으로 활동했을 비활동성 물질 등을 후보로 놓고 필사적인 경쟁을 벌였으나, 모든 후보들이 아닌 것으로 결론나고 있다. 중성미자가 미량의 질량을 가지는 것으로 밝혀지면서 유력한 후보로 떠올랐지만, 지하 수 Km 폐광에 대형 검출장비를 건설하는 등 갖은 노력을 기울이고 있으나 별 성과가 없다.

본론은 개념상으로도 치명적 결함을 내포한다고 본다.

①질량에는 스핀과 자기장이 동반되는데 왜 그런 흔적이 없는가?

②중력은 1Km 이상의 미행성체를 구성해야 발생하는데, 흩어진 상태에서 알갱이수의 합에 해당하는 중력이 발생할 수 있는가?

③은하계 10배의 중력이면 필경 중력수축하여 은하핵이 되었어야 하는 것 아닌가?

④자체 회전하는 것도 아니고, 매개입자의 인력으로 붙어있는 것도 아닌데, 광활한 영역에 흩어진 알갱이들이 어떻게 헤일로의 구조를 유지하는가? 은하계는 거대한 속도로 은하단을 공전하는데, 어떻게 뭉개지지 않고 함께 분포이동 하는가?

따라서 이것이 발견될 가능성은 거의 없다고 본다. 쿼크처럼 존재하지 않기 때문이다. 외곽 별의 가속은 '은하계에서는 중력이론이 적용되지 않는다'는 증거로 해석하고 다른 원인이 모색되었어야 함에도, 중력이론이 허물어지면 배경복사의 주름이 융기하여 별·은하가 솟아났다는 빅뱅론의 기초가 허물어지므로, 유령을 소환하여 신화를 창조해낸 것이다. 이에 많은 논자들이 신랄한 비판을 제기하고 있다.

특히 특이점은 중력신앙을 극단적으로 확장한 것이다. 그러나 중력은 질량에서 발생하는 힘이고, 질량은 입자만 가질 수 있다. 입자가 깨어지는 순간 렙톤 조각이 흩날리면서 질량에 광속의 제곱을 곱한 에너지가 사방으로 분출된다. 그런데 뼈와 살을 발라내듯이 에너지에서 중력을 분리하여 무한질량을 응축하는 일은 가능하지 않다. 입자 없는 질량체의 사례가 단 하나라도 있던가?

따라서 팽창우주론의 모든 결론은 허구일 수밖에 없다. 모든 가설들이 원천적으로 성립불가능한 기만적 전제와 마법적 상상으로 점철되어 있고, 우주의 근원인 에너지는 어떤 실체도 없다. '슈느님이 시간이란 묘약 한 방울을 떨어뜨리자 진공이 이무기처럼 꿈틀거리며 입자쌍과 공간을 토해내었다'는 건 마블영화에서나 어울릴 법한 서사이건만 한 치의 의심도 없었다.

시간은 이승-저승을 넘나드는 혼령처럼 차원을 들락거려 에너지를 낳고, 자신이 원인이자 결과이고, 유무의 경계선에서 초월적 권능을 발휘하고, 절대반지인냥 모든 물리법칙을 무력화 한다. 이 딱딱한 물질세계가 마치 홀로그램 우주인 듯하다. 그 모든 것을 수학으로 증명해내면 완전한 과학이 되는가? 차라리 '유령의 물리학'이라 하라. 만약 시간에 에너지가 없으면 소립자론·우주론의 모든 결론들은 허구가 되어버리지 않겠는가?

3. 열핵반응인가 쌍소멸인가?

[1] 별 에너지의 근원 ; 열핵반응

배경복사의 밀도차로 뭉쳐진 가스덩어리가 중력으로 압축되면 폭발적인 에너지와 빛을 방출하는 별이 된다. 핵합성 때문이다. 무거운 별의 중심은 엄청난 고온·고압의 상태이므로 수소원자들도 질식할 듯 들어붙게 되는데, 전자축퇴압이라는 궤도전자의 반발력을 넘어서는 순간 양성자-양성자가 살을 맞댈 수밖에 없다. 그럼 핵력에서 설명하였듯이 양성자 한 개의 양전자가 튕겨나가 중성자가 되면서 둘이 결합하여 중수소 원자를 구성하고, 여기에 또 하나의 중수소가 더 합해지면 헬륨이 된다.

그 기본공식은 다음과 같이 표시된다.

❶ $^1H + {}^1H \Rightarrow {}^2D + e^+ +$ 전자중성미자 (^2D : 중수소 ; $p + n$)

❷ $^1H + {}^2D \Rightarrow {}^3T +$ 감마선 $+$ 에너지 (^3T : 삼중수소 ; $p + 2n$)

❸ $^2D + {}^2D \Rightarrow {}^4He + 2{}^1H +$ 에너지

❹ $^3T + {}^4He \Rightarrow {}^7Be +$ 에너지 (^7Be ; 베릴륨)

❺ $e^+ + e^- \Rightarrow 2$감마선 $+$ 에너지

그런데 F. 애스턴의 초정밀 '질량분석기'로 이들의 원자량을 재보면, 수소원자 4개의 원자량은 4.03인데 헬륨의 원자량은 4.00에 불과하다. 0.03이 사라져버린 것이다. 이렇게 결손된 0.7%의 질량이 광속의 제곱을 곱한 25MeV의 엄청난 열로 전환된다. 동시에 양성자에서 방출된 양전자는 전자와 결합하여 감마선이 된다. 이

과정에서 빛과 열을 방출하는 현상을 '열핵반응'이라 한다.

그런데 수소원자 4개가 헬륨 원자를 합성하는 '양성자-양성자 체인반응'은 어느 정도 쉽게 일어나지만, 헬륨 이상의 원소를 합성하는 과정은 그렇게 쉽지가 않다.

수소연료를 소진하면서 내부온도가 1억℃에 이르면, 10억년 이란 오랜 세월에 걸쳐 헬륨끼리의 핵융합으로 베릴륨을 합성했다가 ($^4He + {}^4He \rightarrow {}^8Be$) 다시 헬륨으로 쪼개지는 과정을 몇 차례나 반복하고, 어렵게 또 하나의 헬륨을 보태 ^{12}탄소($^4He + {}^8Be \rightarrow {}^{12}C$)에 이르는 '삼중알파 과정'을 거치게 된다. 거기서 온도가 더 높아지면 탄소에 양성자가 더해져 ^{14}질소, 또 양성자 하나가 더해져 ^{16}산소를 합성한 후, 양성자가 또 하나 더해지면 도돌이표처럼 헬륨을 내놓고 탄소로 환원되는 'CNO순환반응'을 거치게 된다.

이어서 온도가 30억도까지 높아지면 '탄소+탄소→^{24}마그네슘'에 이르는 탄소 핵융합, '산소+산소→^{32}황'에 이르는 산소 핵융합 을 거쳐 다양한 원소를 합성하며, 최종적으로 ^{28}규소+^{28}규소→^{58}니켈에 이르는 규소 핵융합으로 합성된 니켈이 방사선 붕괴를 일으켜 ^{56}철이 됨으로써 별 내부의 핵합성은 끝나게 된다.

문제는 별의 중력으로는 $_{28}$철보다 무거운 원소의 합성이 불가능하다는 것이다. 원인은 다음쪽 그림처럼 철 이상의 원소는 핵자수가 늘어날 때마다 원자량이 무거워지는 흡열반응이 발생하기 때문이다. 그래서 우라늄이 핵분열을 하면 오히려 핵에너지를 방출한다. 철을 경계로 핵합성-핵분열 사이에 정반대의 현상이 발생하는 것이다.

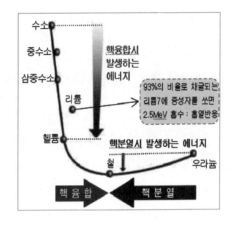

질량결손 에너지

- 헬륨 핵합성 때 가장 큰 25MeV 의 에너지 방출
- 핵합성시 철을 합성할 때까지는 질량결손으로 에너지 방출
- 철보다 무거운 원소는 핵합성시 오히려 열을 흡수하므로 핵분열시 에너지 방출
- 참조 ;「핵합성-우주의 에너지」 (G. McCracken 외 1인, 유창모 외 2인 공역, 북스힐, 2008)

그럼 지구를 구성한 93개 내외의 원소는 어떻게 합성된 것인가? $_{79}$금, $_{80}$수은, $_{82}$납, $_{92}$우라늄 등이 지천에 널려있지 않은가? 처음엔 빅뱅 당시의 고압에서 원인을 찾았지만 인플레이션 팽창으로 열린 공간에서 $_{20}$칼슘 이상의 원소가 합성될 수 없는 것으로 결론이 났다.

그래서 초신성 폭발 때 합성되어 우주공간으로 흩어진 먼지가 성운을 형성한 후, 그것이 응집되어 태양계와 행성이 구성되었다는 가설이 정론이 되었다. 그러나 중원소의 비를 내렸다는 초신성 가설은 심각한 도전에 직면해있다.

❶먼저 우리 은하계에서는 매 25년마다 초신성을 경험함에도 응집된 가스나 성운의 흔적이 미미하다. ❷20여년 전 관측된 먼지 원반은 자라날 것이란 기대와는 달리 오히려 작은 조각으로 붕괴되고 있었다. ❸$_{93}$플루토늄의 동위원소 ^{244}Pu의 반감기는 8,100만 년에 불과하고, 달에서 발견되는 철의 동위원소 ^{60}Fe의 반감기는 260만 년에 불과한데, 40억 년 이상 살아남은 이유는

무엇인가? ❹행성들이 죽은 별의 먼지로 구성되었다면 그 흔적이 바다에도 가라앉아 있어야 하는데, 심해 퇴적물의 동위원소를 분석해본 결과 예상량의 1/100에 불과하였다.

[2] 별의 형성원리 ; 쌍소멸 모형

빅뱅이 아니라면 우주는 무엇일까? '정상우주론'은 허블의 팽창우주를 부정할 순 없지만, 그것을 상쇄하는 물질이 계속 생성되어 우주가 영속한다는 입장에 서있어서 본론과 다르다.

반면 본론은 적색편이 효과 자체를 인정하지 않는다. 우주의 팽창-수축이 발생하면 공간에너지 밀도분포의 평형이 깨져 은하의 조화로운 운행 자체가 불가능해지므로, 지금도 앞으로도 처음 크기 그대로인 '정지우주'를 상정할 수밖에 없다. 적색편이에 관한 결론을 토대로 하면 그 크기는 '반경 70억 광년' 전후로 추정된다.

일정 크기를 유지하려면 공간에너지의 유출을 막는 어떤 막이 있어야 한다. 얼핏 고탄성 막으로 싸인 알이 연상되는데, 그 재질이 무엇일지, 원시우주의 알이 어떻게 생성되었는지는 추론이 불가하다. 시원적인 무에서 유가 생성되려면 신적인 무언가가 있어야 할 것 같은데, 그 신은 또 어디서 솟아난 것인가? 알 밖이 완전한 무라면 우주는 어디에 떠있는지 등등 의문의 무한 도돌이다.

태초의 사건이 어떻게 생겨났는지도 추론불가의 영역이지만, 계란이 부화하듯 이미 심어진 염색체나 프로그램에 따른 자동적 분화는 불가하다. 따라서 우주의 막이 출렁거리는 거대한 외적 충격을 상정하는 게 순리이다. 그럼 내용물이 쓰나미가 일어난 것처럼 출렁이면서 거대한 파동이 막의 끝까지 도달했다가, 다시 안쪽으로 반사되어 두 방향의 물결이 충돌하고, 이어 수직으로 솟구친 물결들이 다시 중심에서 부딪치는 격렬한 충돌이 평형상태에 이를 때까지 연속되었을 것이다.

이런 운동성과 충돌은 마찰열을 발생시켰을 것이고, 그 결과 내용물이 경화되면서 점점이 깨알 같은 덩어리가 형성되어, 뉴트볼 크기인 10^{-17}m 정도의 응결체가 무수히 생겨났을 것으로 상상된다.

이 고형체의 상하좌우에 각각 상이한 방향의 운동에너지가 걸리면서, 양손으로 사과를 반대방향으로 비틀어 쪼개는 것과 같은 스핀을 먹고 6종 중성미자가 튀어나오고, 최종적으로 코어가 두 조각으로 갈라져 전자-양전자가 튀어나왔을 것이다. 이것이 '8분모형'에 끼워맞출 수 있는 최선의 방안이다.

이 전제가 사실이라면 〈입자-반입자의 수는 엄밀하게 동일〉할 수밖에 없다. 그럼 반물질은 우주공간 어디엔가 반드시 존재해야 한다. 그럼에도 호킹은 반물질을 찾을 수 없다는 이유로, 전자를 방출하는 베타붕괴에서 대칭성이 깨어진다는 사실에 착안하여, 입자군만으로 우주의 형성을 설명하였다.

그러나 양성자-반양성자의 자기모멘트가 10억분의 2의 정확도로 일치한다는 사실을 들어 대칭성의 파괴를 부정하는 논자들도 있다. 또한 현실입자들은 $e^+ \cdot \pi^- \cdot \mu^- \cdot \tau^-$ 등의 반입자와 함께 조합되어 있다. 태생이 같기 때문에 현실입자에 뒤섞여 있는 것이다.

그럼 어디엔가 있어야만 한다.

숨겨져 있을 곳은 한 곳밖에 없다. 땅속이다.

그럼 태초에 별이 형성되는 과정을 시뮬레이션 해보자.

1 태초의 균열과 환원소멸

① 반경 70억 광년 정도의 모태우주에 외적 충격이 가해져, 우주막이 크게 출렁거리면서, 내용물이 수평-수직으로 압축됨.

② 상당한 고온의 상태가 되면서 내용물이 경화되어 8분 균열 발생.

③ 평형상태에 가까워지면서 환원소멸이 집중적으로 이루어져 뉴트볼이 생성되고, 동시에 전자-양전자의 아래위 꼭지를 틀어쥔 중성미자들은 함께 회전하여 질량을 가진 중간자 쌍을 형성함.

④ 당시엔 고온의 상태여서 중간자의 수명도 길었을 것이므로, 이들이 공간을 떠돌면서 쉽게 핵자·수소원자를 형성했을 것이고, 중성자 역시 수명이 길어 절반의 핵자들은 헬륨원자를 형성하여, 수소 대 헬륨의 비율이 80% 대 20% 정도에 이르게 되었을 것이다.

2 입자군-반입자군의 분리

① 원자를 구성한 입자군과 달리 반입자군은 반원자를 구성하지 못하므로 반핵자-양성자들이 퍼져서 분포할 수밖에 없음.

② 반핵자가 궤도양전자를 갖지 못하는 이유는 양전자가 입자군과 반대방향으로 감긴 뉴트볼 틈새로 공전하다 정면충돌이 발생하여 튕겨나가기 때문으로 추정되는데, 대우주 자체의 자전으로 인해 격자구조의 배열에 미세한 비대칭이 발생하는 것으로 여겨짐.

③ 양전자떼는 서로 전하가 충돌하므로 넓은 영역에 퍼지게 되는데, 떠돌이 양전자가 궤도전자가 쌍소멸하면 홀몸의 양성자와 양전자떼의 전하가 충돌하여 서로를 멀리 튕겨냄.

④ 수소·헬륨원자는 중성이지만 궤도전자가 자전하면서 순간순간 전하의 역선이 바깥쪽으로 분출되므로, 떠돌이 반양성자가 접근하면 전하가 충돌하여, 입자군-반입자군의 영역분리가 빠른 속도로 이루어짐. 입자군 원자들은 도토리밥처럼 밀려나 군데군데의 좁은 영역에 밀집하게 되는데, 30% 정도의 공간만 차지할 것으로 추정함.

③ 반핵자 덩어리의 성장

① 반핵자들의 전하는 일정 거리가 지나면 역선이 희석되어 자기장의 성격을 띠게 됨. 거기다 반핵자들은 세차운동을 하므로 양전자떼들은 공처럼 분포하는 (-)자기장 주위로 무질서하게 공전함.

② 일단의 양전자떼가 한 무리의 반양성자·반중성자들을 둘러싸면, 양전자떼들이 반핵자로 돌진하다 튕겨나고, 또 뒤쪽의 양전자떼가 돌진하는 일이 반복되면서 반핵자들이 점점 접근하여 압축됨

③ 반핵자의 덩어리가 형성되면 원칙적으로 상향-하향 핵자들의 비율이 일대일이므로 자기장은 상쇄됨. 그러나 핵자적 결합을 유지하려면 덩어리 전체가 한 방향으로 회전하여 회전축의 상하로 대량의 공간에너지를 흡입-배출해야 하므로 강력한 N-S극 자기장이 형성됨.

④ 이처럼 회전하면서 공간물질을 흡입-배출한 결과 전진운동이 이루어짐. 그 과정에서 마주치는 덩어리가 있으면 전하의 충돌을 피해 상하로 들어붙어 덩어리의 성장이 시작됨. 덩어리가 커질수록 더 많은

공간에너지가 필요하므로, 점차 준광속에 이를 정도로 주행속도가 빨라져 지남철이 쇳조각을 끌어붙이듯 반물질 덩어리들을 흡입함.

④ 진행방향의 측면으로는 상향-하향 반양성자들의 전하가 방출되겠지만 덩어리의 자전 속에 전하의 역선이 묻혀버림. 전하의 역선이 뭉뚱거려지면 자기장의 성질을 가지게 되지만, 진행방향의 앞뒤로 자기장이 형성되므로 음전하 전체가 중력으로 작용하게 됨.

⑤ 고밀도의 반핵자 덩어리가 초중력을 발휘하면서 공간을 휩쓸어 반물질의 응집속도가 기하급수적으로 빨라짐. 양전자떼도 접근하는 덩어리 주변으로 큰 나선을 그리며 공전하여 병합을 촉진함

④ 내핵의 형성

① 반물질 덩어리들은 병합되는 덩어리들은 상하로 부착하여 배가 불룩한 원통형으로 성장하게 됨. 이윽고 별의 질량에 육박하는 거대 덩어리가 형성된 상태에서 상-하의 한쪽에 거대 덩어리가 들어붙으면, 회전의 균형이 깨어져 가운데가 구부러지면서, 상하 말단의 자기장이 서로를 끌어 당겨 둥글게 들어붙음.

② 그 결과 거대한 '반물질의 환'이 구성됨. 처음엔 회전하는 거대 도넛의 형태였다가 원심력에 의해 차츰 속이 빈 쇠공모양으로 정렬하게 됨. 이것이 별의 〈내핵〉을 구성함. 내핵의 질량이 클수록 더 많은 공간에너지를 흡입해야 하므로 자전속도가 빨라짐.

③ 환 속의 반양성자들은 서로 꼬리에 꼬리를 물고 연결된 상태여서 개별적 자기장은 앞뒤로 흡수되지만, 회전체의 직각방향으로 방출되는 전하는 한 덩어리로 뭉쳐져서 거대한 (-) 자기장을 형성함.

환 속의 반핵자들이 회전을 하면서 고리의 안팎으로 뒤섞이기 때문에 환의 자기장 역시 안팎으로 회전함.

④ 따라서 양전자떼 역시 고리의 안팎을 돌면서 순환하게 됨. 이런 방향성의 통일이 지자기의 근원이 됨. 전체적으로 볼 때 양전자떼가 고리로 들어가는 입구는 내핵 반핵자들이 공간에너지를 흡입하는 방향과 일치하므로 N극이 되고, 빠져나오는 출구쪽은 S극이 됨.

⑤ 원시별의 형성

① 도도리밥처럼 한쪽에 몰려있던 입자군은 폭주족 같은 반물질 덩어리들에 치이면서 접촉빈도가 높아져 수소·헬륨원자를 형성함. 내핵이 완성되면 막강 중력에 이끌려 입자군의 수축이 시작됨.

② 내핵을 감싼 양전자떼가 워낙 넓은 영역에 퍼져있어서 압축된 입자군 틈새에도 일단의 양전자들이 감금됨. 양전자-궤도전자 사이의 쌍소멸이 시작되어, 극지방으로 플라스마의 제트를 분출함.

③ 내핵 표면을 마주 보는 외핵 내표면 원자들의 궤도전자가 모두 사라질 때까지 감마선 쌍소멸이 진행됨. 결국 내표면 원자들은 궤도전자를 모두 잃고, 내핵처럼 양성자-중성자만 남아 내표면을 얇은 철판처럼 뒤덮게 됨. 내핵 사이의 공간에 간힌 양전자떼와 전하가 충돌하므로 내표면 핵자들이 내핵으로 돌진하는 것은 불가능함.

④ 내핵 공간에서 분출되던 플라스마가 차츰 식으면 주변부가 별의 형태로 압축되기 시작함. 내핵은 영원히 자전하므로 외핵은 그와 반대방향으로 회전해야 더 많은 공간에너지를 응축할 수 있음. 따라서 자전하는 모든 천체는 자전축-자기축이라는 두 개의

회전축을 가짐. 주변부에 감금된 양전자의 밀도 및 핵합성의 정도가 불균일하므로 회전축-자기축 사이에 유격이 발생함.

⑤ 별의 크기는 처음 내핵의 환이 언제 닫히는가에 따라 결정됨. 달보다 작은 왜소천체부터 태양을 능가하는 거성까지 생성됨. 편평한 우주에서 별 크기가 극히 다양한 이유임.

⑥ 본 모형의 큰 고민 중 하나는 반물질 원통이 일정 규모 이상으로 성장하면, 어지간한 크기의 반물질 덩어리가 들어붙어도 닫히기 힘들 거라는 점이었음. 그러면 중력이 기하급수적으로 증가하면서 속이 꽉 찬 반물질의 쇠공형태로 무한성장할 수밖에 없음. 태양 질량 수백만 배 이상의 초대질량 블랙홀이 그 증거였음. 그것이 엄청난 중력으로 별들을 끌어들여 은하 핵이 됨.

⑥ 쌍소멸모형

① 신생별은 초신성의 단계에서 일생을 시작한 후, 외핵 내표면이 형성되고 플라스마가 식으면서 주변부 입자군의 압축이 시작됨. 열핵반응모형에서는 주변부가 짓누르는 압력이 유일한 에너지원이어서 무거운 별에서만 핵합성이 가능했지만, 본 모형에서는 주변부가 수축하기 이전부터 전자-핵자가 유리된 플라스마 상태였기에 아주 작은 천체에서도 폭발적인 핵합성이 가능함.

② 거기다 양전자떼의 감마선 쌍소멸로 궤도전자의 울타리가 대폭 제거되면, 핵자들은 고온으로 요동하면서 충돌하다 자연스럽게 들어붙어 핵합성을 일으키게 됨. 여기서 방출된 에너지가 또 다시 압축력을 발휘하므로 핵자의 덩어리는 눈사람처럼 쉽게 부풀게 됨.

③ 이때 양성자-양성자는 전하의 충돌을 피해 서로의 어깨를 짚는 방향으로 접근하는데, '상향-하향'일 경우엔 양쪽 중간자 모듈의 전하가 순차적으로 교차되어 핵력 발생. '상향-상향'일 경우엔 한쪽 타우$^+$가 맞은편 π^+모듈의 양전자를 튕겨내어 2e중성자가 생성됨. 처음 성간영역에서 자연스럽게 생성되었던 헬륨원자는 4e중성자를 가졌을 것으로 추정되므로, 핵 내엔 2e 대 4e중성자의 비율이 일대일일 가능성이 높음.

④ 표준모형은 별이 클수록 중심압력이 높아져 수소연료의 고갈이 빨라진다고 보는 반면 본 모형은 별이 클수록 잠열·감마선·파이온 등의 배출이 지연되어 기하급수적으로 느려진다고 봄.

⑦ 중원소의 형성

① 표준모형은 중심의 수소핵융합으로 빛을 내는 별을 '주계열성'이라 부르면서, 중심온도 4백만℃에 이르는 태양질량 0.08배 이상의 별부터 핵합성이 가능하다고 봄.

② 이후 삼중알파→CNO순환→탄소융합→산소융합→규소융합을 거쳐 철을 형성하는 단계까지 이르려면 중심온도가 30억℃ 이상이어야 하기 때문에, 태양 8배 이상의 무거운 별에서 수십억 년의 세월을 거쳐야 완성되는 것으로 봄.

③ 그러나 지진파 연구 및 지구 질량밀도로 볼 때 외핵에 액체철이 대류하는 것은 확실한데, 이 대량의 중원소가 초신성의 먼지들이 퇴적되었을 가능성은 거의 없다고 여겨짐. 행성들의 중원소는 자체적으로 합성되었다고 보는 것이 정상임.

④ 처음 별이 응집될 때 핵자-반핵자 및 전자-양전자 수는 거의 같은 수준이었음. 내핵 공간에 감금된 양전자 수는 양전자끼리의 반발력을 생각할 때 어림잡아 20~30%를 넘기기는 힘들 것으로 생각됨. 외핵과 내핵 사이엔 상당한 크기의 공간이 존재해야 함.

⑤ 그렇다면 입자군 사이엔 상상 이상의 양전자떼가 감금되었다고 보아야 하며, 양전자떼의 밀도가 높은 심부 외핵에서는 궤도전자가 대규모로 증발하여, 탄소융합·산소융합 등의 기본단계를 건너뛰고, 처음부터 규소·철 등 대량의 중원소가 형성되었을 가능성이 높음. 외핵 액체철이 그 증거임. 궤도전자를 제대로 갖추지 못한 이들의 무수한 방출선이 연속 스펙트럼을 형성하게 되었음.

⑥ 핵합성 단계에서 대규모의 양전자가 소진되고, 중성자 수가 늘어나는 만큼 양성자 수도 줄어들므로, 내핵과의 전위차가 줄어들어 점진적으로 자전속도가 느려짐. 주변부의 무게는 에너지를 방출하는 만큼 줄어들므로 내핵에 비해 점점 가벼워지게 됨.

⑧ 양성자의 붕괴현상

① 쌍소멸모형의 가장 큰 난점은 지표의 암석이 생성된 경위를 설명하기 힘들다는 점. 물론 대량의 양전자가 궤도전자의 상당부분을 소거한 상태이고, 핵합성 과정에서 방출된 양전자가 원자 갈아타기를 하면서 계속 쌍소멸의 릴레이를 벌여 핵합성이 연속되지만, 지표로 올라올수록 핵자들을 짓누르는 압력이 줄어들어 축퇴압력을 제압하기가 힘들어진다는 사실. 따라서 더 큰 에너지원이 있어야 지표의 암석을 합성할 수 있음.

② 타우입자 τ는 중성미자 2개를 가진 것과 4개를 가진 2종이 있음.

$$\tau \begin{cases} \nu_\tau + \mu + \bar{\nu}_\mu \quad (\mu \rightarrow \nu_\mu + e + \bar{\nu}_e) \,; \text{ 중성미자 4개} \\ \nu_\tau + e + \bar{\nu}_e \,; \text{ 중성미자 2개} \end{cases}$$

③ 핵융합시 타우$^+$-π^+ 모듈이 충돌할 때 중성미자 2개를 가진 타우입자일 경우, 상대적으로 그립이 약한 타우 모듈쪽 양전자가 튀어나갈 가능성이 있음. 이 경우 인접한 양성자가 남은 π^+-π^- 중 π^-를 탈취하여 4e중성자가 되면, π^+는 갈 곳이 없어 유리된 후 최종 분해됨. 핵합성시 양성자가 붕괴될 확률은 상향-상향 양성자가 만날 확률 50%에서 또 절반이니까 25% 정도라고 추정할 수 있음.

④ 이때 방출되는 에너지는 양성자 질량 938MeV에서 π^-의 질량을 뺀 798MeV인데, 헬륨원자 한 개를 합성할 때 결손질량 0.72%에서 방출되는 25MeV의 무려 32배에 이르는 장대한 에너지임.

⑤ 이렇게 핵폭탄급 에너지가 터지면 인근 원소들의 궤도전자들은 완전히 비산될 것이고, 그럼 핵자들은 하나씩 증가하는 게 아니라 탄소+탄소, 산소+산소, 규소+규소의 방식으로 배증하게 됨. 이후 열이 식으면서 전자들이 공전궤도에 안착하여 $2^2 \cdot 2^3 \cdot 3^2 \cdot 3^3$ 식의 배율로 중원소들이 합성될 것임.

⑨ 우라늄 등의 방사성 물질이 핵분열하는 이유

① 이러한 더블·트리플 방식 핵합성의 특징은 양성자 1개의 코뼈가 부러져 2e중성자가 되는 과정을 건너뛰고, 오히려 양성자가 붕괴하면서 내놓는 π^- 모듈을 인근 양성자가 흡수하여 4e중성자가

될 가능성이 높아짐.

② 특히 $_{92}U$의 원자량이 235라는 것은 정상치보다 중성자수가 51개나 많은 상태임. 당연히 대량의 양성자 폭탄이 터졌기 때문에 이런 비대칭이 발생했다고 추정할 수 있음. 그럼 지나치게 많은 4e중성자는 다른 핵자 모듈들과 충돌을 일으킬 확률이 높아져, 헬륨핵α · 전자$_\beta$ · 감마선$_\gamma$ 등을 내놓으면서 핵분열 하게 됨.

③ 만약 중원소가 우주 먼지가 집적된 것이라면, 그 속에서 극히 짧은 반감기를 버텨냈을 리도 없고, 40억년이 지난 시점에 핵분열할 이유도 없음. 따라서 달을 포함한 모든 천체는 초신성의 힘을 빌리지 않고, 자체의 힘으로 90여 종 중원소를 제조했다고 보아야 함.

⑩ 별의 일생

① 표준모형에서는 별의 자전에너지를 처음 가스가 응집될 때 강착원반을 형성하여 회전하던 각에너지가 유지되는 것으로 설명함. 반면 본론은 내핵-입자군의 전위차에 의한 것으로 봄. 따라서 별의 덩치가 클수록 전위차가 커져 자전속도가 빨라지고, 핵합성으로 주변부가 가벼워지면 자전속도가 점차 느려지게 됨.

② 별이 식으면서 팽창압력이 줄어들면 중력붕괴가 발생해 외핵 내표면에 균열이 발생하게 됨. 그럼 내핵 공간의 양전자떼가 틈새로 밀려들어 궤도전자와 쌍소멸을 일으킴. 분출하는 에너지로 핵자들이 요동하면서 내표면의 철판이 깨어지고, 그 조각들이 내핵으로 돌진함. 쌍소멸로 거대한 초신성 폭발이 일어나게 됨

③ 외핵 원소들도 잠열로 궤도전자가 흩날리면서 핵자들이 쌍소멸에 참여하여 창대한 에너지를 분출함. 주변부 원소들은 미처 쌍소멸에 참여하기도 전에 폭발압력으로 조각조각 비산하여 소행성이 됨

④ 쌍소멸로 입자들이 붕괴하면서 막대한 양의 중성미자 조각과 뉴트볼들을 탄피처럼 쏟아냄. 그것들이 격자구조의 틈새를 겹겹이 틀어막아 다량의 플라스마가 내부에 갇히게 되고, 미어터지는 에너지가 극지방의 아래-위로 뚫고나가 쌍극제트를 분출함.

⑤ 폭발 이전 내핵은 주변부 입자군보다 30% 이상 무거운 상태였으므로, 제트의 분출이 잦아진 상태에서도 내핵 조각은 남아서, 분출하는 에너지로 인해 격렬한 속도로 회전하게 됨. 이 단계에서 방출되는 감마선과 방출선들은 공간에 가득한 먼지군에 산란되어 전파의 형태로 분출하게 됨. 이것이 밀리초 펄서임

⑥ 큰별의 경우 워낙 많은 중성미자 조각과 뉴트볼들을 쏟아내어 격자구조 틈새가 완전히 막혀버림. 빛이 빠져나갈 틈새가 완전히 막혀버려 검은 천체인 블랙홀이 됨. 중성미자벽의 틈새를 간신히 빠져나온 감마선이 X선으로 관찰됨.

⑦ 작은 별이든 큰별이든 초신성 폭발 후에는 반드시 내핵 조각이 남게 됨. 이것이 성간영역을 떠돌다 소행성 등의 천체를 만나면, 주위를 공전하던 양전자가 궤도전자와 쌍소멸한 후, 핵자-반핵자가 쌍소멸하여 초신성에 준하는 빛을 발하는 '감마선 버스트'를 일으킴

4. 쌍소멸모형의 검증

'등잔 밑이 어둡다'고 했었던가? 자연계에서 반입자가 그렇게 많이 존재함에도 반물질이 발견되는 않는 것은 바로 별의 코어에 숨겨져 있기 때문이었다. 물론 그것을 직접 확인할 수는 없지만 그 존재를 암시하는 증거들이 너무 많다. 또한 쌍소멸모형을 대입하면 태양계 및 다양한 천체들의 비밀 대부분을 설명할 수 있게 된다.

[1] 지구

① 고체의 내핵

지진파로 지구를 두드려보면 몇 가지 특이한 사실이 발견된다. 반경 6,370Km의 지구는 지각·맨틀 아래에 불연속면이 있고, 그 아래의 외핵은 액체철로 구성된 것으로 추정된다. 그런데 지하 5,100Km에 이르면 P파의 속도가 10.2Km/s에서 갑자기 11.2Km로 증가하는 '레만 불연속면'이 있다.

이에 내핵은 고체로 추정되었고, 지진으로 인한 진동분석으로도 역시 고체라는 결론이 내려졌다. 중력이 집중되어 가장 뜨거워야 할 코어가 고체라는 것은 정말 충격적인 일이었다. 이것은 엄청난 압력으로 인해 철·니켈 원자들의 활동이 억압된 것으로 해석되었는데, 만약 360만 밀리바아 정도가 고체화를 위한 임계압력이라면 목성·토성의 내부는 대부분 고체여야 하지 않겠는가?

특히 철은 1,500℃면 녹아 쇳물이 되는데 외핵의 온도는 7,000℃ 내외이며, 온도가 1,000℃까지 내려가야 고체상태를 유지할 수 있다. 그런데 중심부가 그 정도로 식으려면 100℃당 10억 년이 걸리기 때문에 5백억 년 이상 소요된다고 한다.

내핵이 점유하는 공간은 1,270Km이지만 주먹구구식 계산으로는 내핵의 두께가 15Km 남짓에 불과할 것으로 추정되었다. 너무 작은가 싶다가도 더 작을 수도 있다는 생각이 드는 애매한 수치이다. 그 나머지 공간은 양전자떼가 점유하고 있을 것이다. 그런데 내핵 경계면에서 P파의 속도가 즉각 증가하지 않고 서서히 증가한다는 견해와 감속되었다 증가한다는 견해가 있다. 기체 성분의 공간 때문에 발생하는 현상일 것이다

지구의 평균 질량밀도는 5.5g/m³, 외핵은 9.7g/m³인데 내핵은 16.5g/m³이다.지구 질량으로 철보다 두배 가까이 무거운 원소를 끌어모았다는 것도 기적이지만, 내핵이 차지하는 극도로 적은 부피를 생각한다면 상상초월의 질량밀도이다.

몇 년 전엔 지진파가 남북으로 빨리 전파되는 '바깥쪽 내핵'과 동서로 빠른 '안쪽 내핵'이 있다는 사실이 발견되었다. 바깥쪽 내핵은 외핵 내표면이므로 지진파가 구면을 타고 남북으로 전달될 것이고, 안쪽 내핵은 지구 자전방행과 반대인 동서로 회전하므로 동서로 더 빨리 전파될 것은 당연한 일이다.

② 지자기 반물질 내핵에 대한 가장 직접적 증거는 대부분의 천체가 자전축-자기축이라는 두 개의 회전축을 거진다는 것이다. 두 개의 회전체가 있어야 가능한 일이다. 두 축의 기울기 차는 11.7°이고, 자기축이 6년 주기로 빙빙 도는 챈들러운동을 한다.

가스나 암석 덩어리에 불과한 천체가 자석의 성질을 띤다는 것은 매우 기이한 일이다. 학자들은 이것을 '다이너모이론'으로 설명한다. 다이너모란 코일을 자기장 속에서 회전시켜 전류를 얻는 발전기(모터)를 의미하는데, 외핵의 액체철이 상하로 대류하여 유도전류가 발생하고, 그 직각방향으로 자기장이 방출된다고 설명한다.

그러나 액체철이 없는 달이나 수성을 앞에 두고 다이너모를 거론하는 건 매우 계면쩍은 일이다. 이미 언급하였듯이 자기장은 질량에서 발생하는 힘으로서, 중심에 회전축이 정렬된 회전체가 있을 때 발생하는 현상이다. 그런데 유도전류가 왜 필요할까?

[2] 달

① 달의 모든 것은 미스터리이다. 반지름이 1,700Km에 불과한 천체의 중심에 반경 240Km의 고체 내핵이 있다는 게 말이 되는가? 더욱 충격적인 것은 아폴로 11호가 월면에 인공지진을 일으키자, 3시간 동안 달 전체가 종처럼 울렸다는 것이다. 내부가 비었다는 의미인데, 질량이 중심에 집중된다는 만유인력의 법칙에 위배된다. 또한 지하 56Km 지점에서 지진파의 전파속도가 빨라지고 있어서, 속이 빈 금속구 위에 암석이 덮혀있는 상태라는 결론이 내려졌다.

여기서 고체의 내핵은 반물질로서 주변부보다 50% 정도 더 무거울 것이고, 양전자떼가 상당한 공간을 점유하고 있을 것이다. 지하 56Km에 지점에 금속구가 형성된 것은 초신성으로 빛나던 시기에 형성된 액체철이, 맨틀 아래부터 급격히 식기 시작한 데다,

양전자떼의 반발력에 떠밀려 위로 올라붙은 것이다.

② 더더욱 충격적인 것은 지르콘 등의 암석에서 상당한 잔류자기가 검출되었다는 것이다. 성간가스와 먼지들이 응집된 차가운 별의 어디에서 발전기를 돌릴 수 있었단 말인가? 그래서 '지구와의 조석마찰' 등을 언급하고 있지만 반물질 내핵 때문임이 명확하다. 지금 지자기가 사라진 것은 내핵 공간이 넓어져 양전자떼의 공전 방향이 정렬되지 않았기 때문일 것이다.

③ 차디찬 천체 달에는 마그마나 화산활동이 없어야 함에도 1억년 전까지 수십 번의 화산활동 있었던 증거도 있고, 지각이 비틀린 단층활동의 흔적도 있다. 군불을 때듯이 지표까지 연쇄적으로 이어지는 쌍소멸현상을 반영하는 것이다. 또한 셀레네 탐사선의 3D 영상에서는 상당히 부드럽고 뜨거운 코어를 가진 것으로 관측된다.

④ 달의 기원에 대해서는 거대충돌설, 후기 대폭격기, 분열설, 포획설, 성운설, 충돌설 등이 있었지만, 현실의 관측결과와 일치하지 않아 모두 실패하고 있다. 답은 하나다. 지구 및 태양과 똑같은 경로로 생긴 고유 천체인 것이다. 단지 크기가 작아 빨리 식어 지구보다 나이가 더 들어보일 뿐이다.

[3] 태양

① 성운설에 따르면 별은 가스가 강착원반으로 떨어져 회전하면서 응집된 것이어서, 그 때의 각운동량이 보존되어 자전하는 것으로 설명된다. 그런데 태양 적도의 자전주기는 25일로 매우 느리다.

각운동량이 폐기된 이유는 설명이 불가하다. 아마도 그 이유는 내핵 공간이 플라스마로 뒤얽혀 있기 때문일 것이다. 그러다 외핵 내표면의 철판구조가 완성되고, 플라스마가 식으면 자전주기가 수십분 정도로 빨라질 것으로 예측된다.

② 흑점은 광구(태양 표면)의 온도 6천℃보다 조금 낮은 4천℃ 정도여서, 상대적으로 검게 보인다. 학자들은 흑점에서 말발굽 형태의 특이한 자기장이 관찰된다는 이유로, 그것이 열의 흐름을 방해하여 주변부보다 어두워보는 것으로 설명한다.

반면 본론은 외핵 심층부에서의 폭발적 쌍소멸 에너지가 중력을 뚫고 기포처럼 올라오는 숨구멍으로 추정한다. 심층부에서는 좁았던 것이 올라오면서 점점 부풀게 되었을 것이다. 이러한 회오리에는 쌍소멸의 잔해인 감마선·양성자·파이온 등이 중심에 위치하고, 양전자는 전하가 충돌하여 바깥쪽을 둘러싸는 것으로 추정한다.

이런 영역분리로 쌍소멸이 차단되어 검게 보이고, 처음 둥글게 싸고 올라왔던 양전자 무리의 일부가 궤도전자와 쌍소멸하면서 소진되어 말발굽 형태의 자기장만 남은 것으로 본다. 따라서 자기장 때문에 검어진다는 것은 결과를 원인으로 설명한 것이다.

③ 쌍소멸 이렇게 표면으로 올라온 양전자 무리는 표면원자들과 격렬한 쌍소멸을 일으키게 된다. 먼저 흑점 몇 배의 넓이에서 하얗게 이글거리는 '백반'이 형성되는데, 온도가 7,000℃에 이른다. 또한 광구 위로 솟구치는 붉은 가스층을 '체층'이라 하는데, 흑점이 활발해지면 가스 기둥이 수천 Km까지 솟구치면서, 수만 ℃까지 올라간다.

특히 채층과 코로나의 하부에서 돌발적으로 섬광을 발하면서 평소보다 천 배 가까운 에너지를 분출하면서 폭발하는 '플레어'란 현상이 있는데, 온도가 쉽사리 천만 ℃를 넘어가고, 중심부보다 뜨거운 수천만 ℃까지 오르기도 하며, 흑점 극대기에는 하루에 십여 개씩 발생한다. 이때 순간 온도 수만~수백만℃의 지옥불인 '홍염'이 치솟기도 한다. 한 마디로 반물질을 상정하지 않으면 설명이 불가능한 현상이다. 단, 이 정도 에너지를 분출하려면 플라스마에 반양성자도 뒤섞여 올라와야 한다는 생각이 든다.

④ 태양자기장은 평균 1G(가우스)이다. 지구 자기장이 0.2~0.8G 이므로 아주 센 것은 아니지만, 보이저 1호는 태양계가 끝나는 지점 에서 10배나 센 태양자기의 고속도로가 헤일로처럼 감싸고 있음을 관측하였다. 나아가 대다수 행성·위성들은 자기장을 가지고, 자전 주기 59일의 코딱지별 수성도 자기장을 가진다. 발전기의 작동 자체가 불가능한 혼돈 앞에 과학자들은 망연자실할 뿐이다.

기이한 사실은 흑점 수가 증감하는 흑점주기가 11년인데, 이와 비슷한 11년 주기로 태양자기의 극성이 역전된다는 것이다. 정말 설명이 난감한 문제였지만, 내핵 속 반양성자들의 상향-하향 스핀이 정확하게 일대일은 아니어서 발생하는 문제로 해석하였다.

원칙적으로 반물질 환 속의 반양성자들은 상향-하향 스핀이 일대일이어야 하지만, 내핵이 덩어리끼리 뭉텅뭉텅 들어붙는 방식 으로 성장했기 때문에 비대칭이 발생할 수 있고, 특히 4e반양성자의 비율이 높을 수 있다. 그러면 돌출된 π^-모듈의 충돌이 잦아져 그것들이 환 밖으로 빠져나오는 과정에서 상향-하향 반양성자의 비율을 뒤바꾸는 역할을 할 수 있다.

그럼 환의 자전방향은 그대로 유지되겠지만, 환에서 방출되는 자기장의 스핀이 상하-하상으로 뒤바뀌어 양전자떼의 공전방향도 뒤집히는 것으로 생각된다. 지구의 자기역선도 자북극-자남극 사이의 정렬이 흐트러져 여러 갈래로 분열되고, 암석의 잔류자기에서 자기장 역전의 흔적들이 발견되는 것으로 보아, 거의 모든 천체의 내핵에서도 비슷한 양상이 전개될 것으로 보인다.

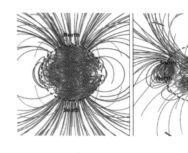

지자기의 분열·역전현상
(역상, 네이버 지식백과)
- 지자기의 south-north가 여러 갈래로 갈라짐
- 암석의 잔류자기에서 지자기 역전의 흔적이 발견되고 있음

위 현상은 핵분열과 비슷한 효과를 발생시킬 것으로 느껴진다. 우라늄에 중성자를 쏘면 바륨-크립톤으로 갈라지듯이, π^-모듈이 내핵에서 떨어져나올 때 다수의 반양성자가 함께 떨어져나올 가능성이 있다. 그것들이 내핵 표면에서 유리되는 순간 음전하끼리의 반발력으로 인해 외핵쪽으로 튕겨나갈 것이다.

그럼 그것들은 격렬한 쌍소멸 에너지를 분출시켜, 플라스마가 흑점 구멍으로 솟구칠 것이고, 거기에 섞여 올라온 양전자·π^-·반양성자들이 플레어 및 채층이 광란의 춤을 추도록 추동했을 것이다. 신기하게도 퍼즐 조각이 이렇게 쉽게 맞춰지네!!

[4] 기이한 행성들

① 행성들의 황도면 정렬 이것도 미스테릭한 문제이다. 학자들은 성운설·미행성응집설에 기반하여, 가스·먼지구름이 강착원반으로 떨어져 회전하면서 응집되어 태양과 행성들이 생겨났으므로, 행성들은 태양계 초기부터 황도면에 정렬된 것으로 본다. 그러나 해왕성의 트리톤, 명왕성의 카론 등의 역행위성이 있고, 역행하는 외계행성도 줄줄이 발견되는 등 많은 문제점을 내포하고 있다.

반면 본론은 태양자기가 원인적 힘이라고 본다. 행성의 내핵은 태양자기의 S극, 양전자떼는 N극으로 끌리기 때문에 황도면에서 균형을 잡게 된다. 따라서 행성들은 어느 곳에서 진입하든 자동적으로 황도면으로 떨어질 수밖에 없다.

② 행성들의 기이한 행태 케플러 우주망원경은 4,000여 개의 '외계행성'을 발견했는데, 차라리 원망하고 싶을 정도로 기괴한 모습을 하고 있었다. 몇 개의 행성이 불가능할 정도로 오밀조밀 붙어 공전하는 경우, 큰 행성이 작은 행성 주위를 도는 경우, 큰 항성 주위를 몇 개의 작은 항성이 공전하는 경우, 목성형 괴짜행성 등등.

특히 'HD 87646' 쌍성계의 경우 태양 크기의 항성 두 개가 천왕성 정도의 거리에서 서로의 무게중심 공전하고 있는데, 조금 더 큰별의 수성 정도 거리에 목성질량 12배 행성, 목성 정도의 거리에 목성 57배 행성이 공전하고 있다. 원천적으로 불가능한 상황인 것이다. 그들은 왜 중력의 그물로 빨려들어 충돌하지 않는가?

그러나 본론으로 따져보면 전혀 이상할 바가 없다. 먼저 항성 주위를 몇 개의 작은 항성이 공전한다는 것은 자전하는 모든 천체가 초신성의 단계에서 일생을 시작한다는 결론에 부합하는 현상이다.

그것들이 식어 항성·행성의 형태를 갖추는 시기가 되면 중원소 합성으로 내핵이 주변부보다 20% 이상 무거워지는 상태이기 때문에 모든 별은 음전하의 덩어리가 되어버린다. 그런데 정렬되지 않은 전하는 자기장과 동일한 성질을 띠게 되고, 그것이 공간에너지를 빨아들이는 힘을 발휘하기에 중력이 발생하게 되는 것이다.

그런데 두 별이 맞붙으면 산소가 고갈되듯 공간에너지의 밀도가 희박해지므로, 내핵과 입자군 궤도전자들은 죽을 것 같은 질식감에 필사적으로 반대편으로 달아나게 된다. 그래서 자석의 같은 극끼리 반발하듯 서로를 튕겨내는 척력이 발생하게 된다. 아마 수성을 흑점 속에 집어넣어도 도로 튀어나올 것이다.

우주에서 은하계의 충돌·합체가 빈번히 목격되지만 별들이 충돌하는 요란한 과정 없이 조용히 관통하거나 적당한 자리를 찾아가는 것도 그러한 이유이다. 학자들은 우주 공간이 워낙 넓기 때문이라고 설명하지만, 중력이 중력답지 않음에 대한 변명일 뿐이다.

④ 행성들의 자전속도 다음쪽 조견표에서 보듯이 행성들의 자전주기는 무거운 별일수록 빨라진다. 지구질량 317배의 목성은 9.85시간에 불과하고, 95배의 토성은 10.7시간, 17배의 해왕성은 16시간, 15배의 천왕성=17.2시간이다. 수성 59일, 금성 243일로 지나치게 긴 것은 태양의 중력고착 때문으로 설명된다.

처음 이 조견표를 마주 하는 순간 잔잔한 감동을 느꼈다. 전위차가

	부피 (지구=1)	질량 (지구=1)	질량밀도 (g/㎤)	공전주기 (년)	자전주기
태 양	130만	33만	1.4	·	27 일(적도)
수 성	0.055	0.055	5.4	0.24 년	59 일
금 성	0.8	0.82	5.2	0.615	243 일
지 구	1	1	5.5	1	24.0 시간
달	0.02	0.12	5.5	27.3 일	27.3 일
화 성	0.14	0.108	3.9	1.88	24.4 시간
목 성	1316	317.8	1.3	11.86	9.8 시간
토 성	760	95.4	0.7	29.458	10.7 시간
천왕성	68	14.6	1.2	84	17.2 시간
해왕성	55	17.2	1.6	164.83	16.0 시간
명왕성	0.006	0.026	2.0	248.5	6.3 일

(태양계 행성의 조견표)

자전에너지의 근원이라는 결론이 현실에서 증명된 것이다. 그렇다면 반물질 내핵이 존재하는 것도 사실이고, 쌍소멸모형도 옳았다는 의미가 된다. 반면 각운동량 보존의 법칙에 따르면 피겨선수가 손을 오므리듯 반지름이 좁아질수록 회전속도가 높아지므로, 이런 역설적 현상 앞에서는 탄식만 있을 뿐이다.

[5] 목성계의 병합

① 특이하게도 태양계 행성들은 두 종류로 대별된다. 지구형 행성은 안쪽 궤도에 있고, 작고, 자전속도가 느리고, 대기층도 두꺼우며, 평균 질량밀도는 $5g/cm^3$에 이른다. 양전자 연료가 대부분 소진되어 이제 식어가는 중년의 별이라는 의미이다.

반면 목성형 행성은 수소행성이고, 자전속도도 빠르고, 대기가 없어 표면온도는 -100~-220℃로 낮고, 평균 질량밀도는 $1.3g/cm^3$

에 불과하다. 그럼 뭔가 이상하다. 작은 별은 플라스마의 배출이 빨라 양전자 연료도 빨리 소모되므로, 목성질량 천 배인 태양의 질량밀도가 $1.4g/cm^3$ 이라면, 목성은 $3g/cm^3$ 정도 되는 게 맞다. 이것은 태양보다 10~20억살은 젊어야 가능한 수치인 것이다.

그렇다면 태양과 목성은 출생경로가 다르다고 보아야 하는 것 아닐까? 과학자들도 이런 의심을 하고 있다. 1994년 슈메이커-레비 혜성이 목성에 충돌했을 때, 비산하는 가스들의 성분이 태양과 달랐고, 전파되는 물질의 양도 태양보다 많았다. 또한 지구 4천 배의 초강력 자기장과 탐사선을 파괴시킬 정도의 방사능을 방출하며, 식어가는 천체에 어울리지 않는 거센 폭풍이 휩쓸고 있다. 이에 다른 별 폭발의 잔해가 응집되었다는 견해까지 제기되고 있다.

② 지금까지 목성에 도달한 탐사선은 9개나 되는데, 수소행성들의 위성들 역시 충격적일 정도로 활발한 지질활동을 보여주고 있다.

① 목성위성 **이오**(반경 1,820Km)는 화산폭발물의 기둥을 320Km 높이까지 쏘아올리고 있으며, 태양계에서 가장 큰 위성인 **가니메데** (반경 2,630Km)는 자신의 자기장을 가지며, **유로파**(반경 1,570Km)는 수증기 기둥을 분출하는 간헐천을 가진다.

② 토성위성 **앤셀라두스**(반경 250Km)는 땅콩만한 크기임에도 초당 200Kg 이상의 얼음입자를 초음속으로 200Km 상공까지 분출한다. 말도 안 되는 일이다. 과학자들도 그 기원을 밝히려고 필사적으로 매달렸지만 어떤 답도 내놓지 못하고 있다.

③ 천왕성은 죽은 듯이 고요한 반면 해왕성은 태양열 두 배의

복사를 방출하면서 격렬한 폭풍에 휩싸여 있으며, 역행위성인 트리톤(1,350Km)은 활발한 간헐천과 얼음화산, 및 거대한 분화구와 지각변동을 보여주고 있어서 관측사상 최대의 충격으로 일컬어진다.

나아가 달보다 작은 명왕성과 카론위성도 아직 뜨거운 천체임이 밝혀지고 있다. 원인은 무엇일까? 아직 양전자 연료가 소진되지 않았기 때문이다. 이렇게 수소행성-위성들이 한결같이 젊고 뜨겁다면 지구형 행성과는 출생이 다르다고 보아야 하지 않겠는가?

③ 따라서 본론은 과거 어느 시점, 은하계가 신생은하 혹은 성단을 흡수하여 병합하였다고 추정한다. 그때 항성이었던 목성 주위를 공전하던 목성계 행성들이 태양계로 편입되었던 것이다. 항성이 항성 주위를 공전하는 삼둥이 별도 관측된 바 있으니 지금 식었다는 것은 문제가 되지 않는다. 목성의 무게가 다른 행성들 질량의 총합 두 배에 불과하여 공전면을 유지하기 힘들 거라는 의문점은 있지만, 목성계 편입을 반증하는 다양한 증거들이 있다.

특이하게도 목성의 자기장은 북극→남극, 북극→적도의 두 갈래 역선으로 갈라져 있다. 이 도깨비 같은 현상에 발전기모형은 무엇을 설명할 수 있겠는가? 반면 본론은 양전자폐가 내핵 중심으로 들어가는 곳이 N극, 빠져나오는 곳이 S극이라고 본다. 그렇다면 내핵 중간에 커다란 구멍이 뚫려있다는 의미가 된다. 웬 구멍인가?

아마 태양계를 스쳐 지나가다가 급격한 진로 변경이 있었을 것이다. 예컨대 황도면 위쪽에서 진입했다고 가정하면 태양자기 N극과 목성자기 N극이 충돌하여, 황도면 아래로 수직 낙하하게 되었을 텐데, 태양자기 S극과 목성자기 S극 사이의 반발력이 낙하에너지보다 커지는 지점에서 위로 되튕기게 된다.

이때의 엄청난 압력으로 양전자떼가 내핵에 구멍을 뚫고 솟구쳤을 것이며, 그렇게 양전자떼가 순환하는 새 길이 뚫려 S극이 두 갈래로 갈라졌을 것이다. 적도에 구멍이 생겼다는 것은 목성이 옆으로 누워 떨어졌다는 의미이므로, 목성계 황도면이 태양계 황도면에 대해 거의 직각으로 선 상태에서 사선으로 진입했다고 볼 수 있다.

④ 토성은 자전축-자기축이 일치하는 유일한 사례인데, 운좋게도 태양 황도면에 가까운 곳에서 공전하여 수평 진입한 것으로 보인다.

천왕성은 자전축이 98° 기울어져 황도면에 거의 드러누운 상태로 공전하고, 자기축은 여기에 59° 경사져 있으며, 자기축의 중심이 외핵 쪽으로 치우쳐 있다. 통상 자기축이 태양자기의 역선에 따라 먼저 일어서면, 주변부도 내핵 주변을 공전하는 방향으로 자전축을 수정하는 게 원칙이겠지만, 내핵이 외핵 쪽으로 지나치게 쏠려 자전축을 일으키지 못한 것으로 보인다. 이것은 목성계가 황도면에 대해 직각에 가까운 상태로 진입했다는 증거로도 볼 수 있다.

해왕성은 자전축은 30°, 자기축은 거기에 47도° 경사져 있는데, 자기축의 중심은 맨틀에 있다. 내핵이 맨틀까지 밀렸다는 건 가장 높은 곳에서 떨어졌다는 의미인데, 왜 외핵 내표면이 깨져 초신성 폭발을 하지 않았는지, 그런 상태에서 어떻게 세차운동하지 않고 정상적인 자전축을 가지고 있으며, 태양계 행성 중 가장 정원에 가까운 공전궤도를 가지는지 당혹스럽기만 하다.

명왕성은 달 20% 질량의 왜소행성인데, 그 덩치에도 흥부인냥 5개의 위성을 거느리고 있으며, 근일점에서는 해왕성의 궤도를 침범하면서 황도면 아래위를 오르내리는 짜부라진 공전궤도를 가진다. 그 원인은 잘 떠오르지 않지만 무게중심이 카론위성과의 중간지점에 있어서 그런 것으로 추정해본다. 기이한 특성으로 볼 때 태양계밖 '카이퍼벨트'라는 소행성대를 남기고 사라진 초신성의 위성들이 아니었을까 하는 생각도 든다.

⑤ 태양계 행성 중 가장 곤혹스러웠던 것은 화성이다. 지구 2/3의 반경에, 질량은 1/10에 불과한데, 자전시간은 기이할 정도로 빠른 24.4시간이고, 질량밀도는 $3.9g/cm^3$ 에 불과하다. 지구와 같은 나이라면 자전시간 30시간대, 질량밀도 $5g/cm^3$ 이상이 되어야 하는데, 왜 이렇게 어중간하게 젊은 모습을 하고 있는가?

이것이 가능하려면 양전자 연료 소진이 10억 년 정도는 지체되어야 한다. 이에 저절로 소행성대를 주목하게 된다. 화성-목성 사이에는 수백만 개의 소행성 들이 환을 이루고 있는데, 반경 100Km 이상의 소행성은 30개 이하이고, 질량 총합은 달보다 조금 작다.

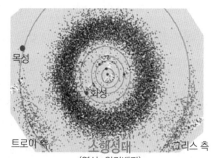

목성

화성

트로이 혹   소행성대   그리스 측
(역상, 위키백과)

그런데 태양과 행성 사이의 거리에 관한 J. 보데의 법칙에 따르면 소행성대의 위치에 또 하나의 행성이 있어야 하는 것으로 계산된다.

그럼 여기에 10억 년 이상 공전하던 뜨거운 별이 있었던 건 아닐까? 어쩌면 그것이 목성계의 태양이었을 수도 있지 않을까?

다른 수소행성들과 달리 혼자 폭발하려면 궤도 안착시 큰 충격이 있어야 하고, 폭발 후 달 질량 가까운 암석 덩어리를 남기려면 제법 큰 천체여야 한다. 일단 대장별은 가장 무거워서 관성력에 의해 태양자기장 가장 안쪽까지 진입한 것으로 보인다. 그러고 보니 태양질량 317배의 목성이 다름 궤도, 95배의 토성이 그 다음 궤도, 14배의 천왕성이 다음 궤도, 질량은 17배이나 부피가 조금 더 작은 해왕성이 다음 궤도이다. 이것이 우연일까?

일단 대장별이 수직낙하할 때 내핵이 너무 깊숙이 처져서 외핵 내표면에 균열이 발생했을 것이다. 그럼 양전자떼가 틈새로 스며들어 쌍소멸이 전개되었을 것이고, 응집된 에너지가 분출할 때마다 주변부 조각이 뭉텅뭉텅 떨어져 공전궤도에 흩어졌을 것이다. 공전궤도 전체가 불의 고리를 형성하는 장관이 연상되는데, 수소 소진 후 암석 덩어리만 남게 되었을 것이다.

그러다 진정국면에 접어들어 외핵 내표면의 상처가 어느 정도 봉합되고, 깨어진 지각 부분도 주변물질로 메꾸어져 10억 년 가량 더 공전한 것으로 보인다. 문제는 대장별의 지전주기가 4~5시간 정도로 빨랐을 것으로 추정되는데, 중원소 합성이 폭발적으로 이루어져 외핵 상층부까지 액체철로 채워지면, 극심한 세차운동으로 외핵 내표면이 깨어져 2차 폭발이 발생할 수 있다는 것이다.

혹시 울퉁불퉁한 위성들의 모습, 달의 크리에이터 등도 그때의 파편으로 인한 것 아니었을까? 초신성 폭발은 비교적 근래의 일이었을 텐데 성운 · 먼지 등은 어디로 사라졌을까?

그것이 공룡멸종의 원인이었을 수도 있다. 번쩍~ 하는 섬광이 온 세상을 태워 공룡은 음식물을 미처 삼키지도 못하고 픽픽~ 쓰러지게 되었을 것이다. 지질사적으로 생명체의 70% 이상이 소멸하는 '대멸절기'가 5번 있었다 한다. 4억4천만 년 전, 3억6천만 년 전, 2억5천만년 전, 2억1만년 전, 6천만년 전(백악기). 아마도 초신성의 주기적 발작 때문일 수도 있지 않을까?

표준모형에서는 중력수축이 초신성 폭발의 원인이어서 2차 · 3차 폭발은 불가능하지만, 그렇지 않다는 증거들도 많다. 따라서 이런 몇 차례의 격변기에 소행성들이 공전궤도로 쏟아져 나와 소행성대가 형성되었을 것이다. 그것이 실제 목성계의 대장별이었다면, '가벼운 목성이 공전면을 유지하는 게 무리하다'는 문제점도 해소된다.

앞 그림에서 목성의 공전궤도에 산재하는 트로이 측-그리스 측 소행성들도 목성이 처음 황도면으로 떨어질 때 분출되었던 폭발의 잔해일 수 있다. 그럼에도 목성이 건재한 것을 본다면 위 시나리오가 결코 허황되어 보이지만은 않는다.

제4절. 별과 은하의 일생

제4절. 별과 은하의 일생

1. 짝퉁블랙홀

[1] 별의 최후

표준모형에서는 별의 최후가 무게에 따라 결정된다고 본다. 큰 별은 '거성', 작은 별은 '왜성'이라 부르는데, 태양질량 0.08배 이상의 별은 핵합성으로 스스로 빛을 내는 '항성'이 된다. 천구상 별의 90% 정도는 밝기광도에 따라 O·B·A·F 등의 등급으로 나누어지는 '주계열성'으로 분류되며, F등급 태양보다 작은 별은 압력이 약해 헬륨까지 합성한 후 연소가 끝나면 가스가 부푼 '적색거성'이 된다. 태양질량 8배 이하의 별은 산소까지 합성한 후 행성상의 작은 성운 단계를 거쳐, 지구만한 크기에 태양의 질량이 압축될 정도의 고밀도 별인 '백색왜성'이 된다.

태양질량 8~25배의 별은 철을 합성한 상태여서, 적색거성의 단계를 거친 후 중력붕괴가 발생한다. 그러면 궤도전자가 축퇴상태를 버텨낼 수 있는 '찬드라세카르 한계'를 넘어서서, 전자-양성자가 맞닿아 중성자가 되는 역베타붕괴가 발생하게 된다. 이렇게 중심핵이 중성자로 채워지면 계속 수축하는 철원자와 충돌하여 별이 폭발하는 '초신성'이 된다. 별의 껍데기가 전부 날아가면 중심에 초고밀도의 '중성자별'만 남게 되는데, 일부는 극지방으로 초강력 전자기파와 감마선 빔을 규칙적으로 방출하는 '펄서'가 된다.

[2] 블랙홀의 탄생

이후 중성자별이 주변물질을 끌어모아 태양질량 25배를 넘어서거나, 처음부터 큰 별들은 핵자들이 1fm 이하의 거리로 압축되는 것을 거부하는 중성자 축퇴압의 장벽을 돌파하며 계속 수축한다. 그러다 '슈바르츠실트 반지름'을 넘어서게 되면 완전히 붕괴되어 부피가 0에 수렴하는 '특이점'을 형성하게 된다. R. 펜로즈는 특이점을 '크기가 없는 점 속에 무한대의 밀도와 시공의 곡률이 응축된 것'으로 규정하는데, 그 안에서는 입자의 움직임과 상호충돌이 없어 온도는 0°K에 근접한다.

그러다 1967년, 초당 30번씩 깜빡거리는 전파원, 즉 펄서를 발견한 후 상황이 급진전되었다. 블랙홀의 간접증거인 X선과 제트를 방출하는 천체를 찾아내는 방법으로 수많은 블랙홀을 찾아낼 수 있었고, 퀘이사 등의 초거대블랙홀도 발견하게 되어, 이제는 조금의 의심도 없는 진실이 되었다. 이것을 처음에는 Darkstar로 불렀으나, 존 휠러가 여자의 음부에 빗대 '블랙홀'이라 비꼬아 불렀던 것이 그대로 굳어졌다 한다.

한편 블랙홀이 모든 것을 빨아들이는 천체라면, 반대로 모든 것을 내보내는 '화이트홀'도 있을 거라는 가정이 제기되었다. S. 호킹은 빅뱅 특이점에서 음의 에너지는 회수하고 양의 에너지를 더 많이 방출하여 입자군으로 우주가 형성된 것처럼, 블랙홀의 사건의 지평선에서 양자요동이 일어날 경우 음의 에너지를 빨아들이는 만큼 양의 에너지가 탈출해야 에너지보존의 법칙이 지켜질 수 있다는 '호킹복사'를 예언하여, 무엇이든 집어삼키는 블랙홀의 고정관념에서 벗어날 수 있었다.

그러나 전하의 역선이 실타래처럼 감겨있어서 전자를 짓누른다고 양성자에게 달려가 직접 결합할 수 있는 것은 아니다. 접근했다 한들 분수전하의 쿼크 누구와 맞붙을 수 있는가? 따라서 전자가 핵 내로 들어가는 방법은 중간자 모듈을 형성하는 것밖에 없다.

또한 입자의 형상 없는 질량·중력이 어떻게 존재하는지, 한번 응고된 질량은 왜 드라이아이스처럼 증발하지 않는지, 아무리 큰 에너지로 짓이겨도 결코 없어지지 않는 렙톤 조각들을 특이점에 어떻게 갈아넣을 수 있는지 등의 근본적 의문이 떠나지 않는다.

[3] 블랙홀의 구조

❶ **연성의 흡수** ; 블랙홀의 뜨거운 에너지로 연성의 가스가 부풀어 적색거성이 된다. 블랙홀과 가장 가까운 곳에 '차등중력'이 걸려 가스가 국수가락처럼 빨려들어간다.

❷ **강착원반**(accretion disc) ; 블랙홀 핵의 회전에 따라 가스와 물질도 원반쪽으로 떨어져 회전을 하면서 빨려드는데, 안쪽으로 들어갈수록 회전속도가 빨라지며, 사건의 지평선에서는 수백만℃로 가열된다. 지평선 안쪽으로 떨어지는 가스가 붕괴하면서 X선을 방출하는 현상을 '조석파괴'(TDE)라 부르는데, 찬드라위성 등은 큰 먹이를 삼켰을 때 간헐적으로 방출되는 X선을 검출하여 수많은 블랙홀을 찾아내고 있다.

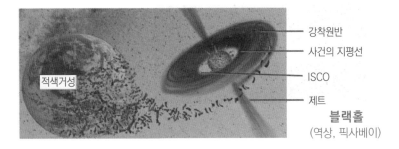

강착원반
사건의 지평선
ISCO
제트

블랙홀
(역상, 픽사베이)

적색거성

❸ **사건의 지평선**(event horizon) ; 높은 중력으로 광속보다 탈출속도가 더 커져, 빛과 물질이 안으로만 들어갈 수 있고, 나올 수 없는 경계면을 의미하며, 중력으로 휘어진 빛이 몇 바퀴 돌다 빨려들거나 빠져나가는 인근 구역을 '빛구'라 부른다.

❹ **ISCO** ; 블랙홀의 입 속으로 들어온 고온가스는 가장 안쪽의 안정된 원형궤도인 ISCO에 도달한 후 목구멍으로 넘어가 질량으로 응축된다. 그런데 괴물처럼 무엇이든 집어삼킬 것 같았던 블랙홀이 실제로는 99%의 물질은 제트로 날려보내고, 1% 가량만 응축하며, 은하계에서 블랙홀이 차지하는 질량은 0.1% 이하이고, 가장 무거운 블랙홀도 0.2%를 넘지 않는다. 또한 Sgr A*를 직접 관측한 결과 표면이 지나칠 정도로 고요해서 강착원반의 흔적을 찾을 수 없었고, Sgr A* 코 앞으로 초고속 접근하던 별 'S1'·'S2'를 집어삼키는 장관이 벌어질 것으로 기대하였으나 그런 우주쇼도 없었다.

❺**제트**(용오름) ; 지평선 안쪽에서 조석파괴가 발생할 때 강착원반에서 압축된 강력한 자기장으로 인해, 일부 입자가 직각으로 힘을 받아 블랙홀의 상하로 플라스마를 방출되는 경이적인 현상을 말한다. 제트는 워낙 강렬하여 수천~수백만 광년의 영역까지 분출되

인터스텔라 킵손 고문이
제안한 블랙홀의 3D 모형
(픽사베이)

– 측면에서 바라본 모습임

며, 감마선·전자 등의 탈출속도는 광속의 0.99995배에 이른다.

그러나 조석파괴로 제트를 만드는 것은 원천적으로 불가능하다.

① 강착원반·중심핵이 한 방향으로 회전하면 로렌츠 힘은 상-하한 쪽으로만 작용하므로 제트는 단극으로 방출되어야 한다. 그런데 아래위로 동시에 분출되는 쌍극 제트가 어떻게 가능한가?

② Sgr A* 블랙홀의 크기는 200Km 내외지만, 사건지평선까지의 거리는 1,540만Km에 이른다. 그럼 로렌츠 힘은 원반에 수직으로 작용하므로 제트는 반경 1,540만Km의 원통 형태로 방출되어야 하는 것 아닌가? 그럼에도 중심에서 분사되려면 감마선이 중력에 이끌려 극지방까지 진행한 후 중심에서 진로를 거의 90도로 꺾어 상하 두 가닥의 제트로 합체해야 하는데 가능한 일인가?

③ 전하가 없는 감마선의 플라스마가 자기장에 이끌려 진로를 바꾼다는 증거가 하나라도 있는가?

④ ISCO가 사건지평선에서 질량이란 골수를 흡입하려면 강착원반과 같은 방향으로 회전해야 하는데, 강착원반은 도대체 무엇과 마찰하여 조석파괴를 일으키는가?

⑤ 중심핵의 중력은 극지방에도 동일하게 작용하고, 중력공간에서 광속은 느려진다. 특히 사건지평선과 맞물린 빛구의 영역에서는

쉽게 탈출하지 못하는 빛이 서클링을 하고 있다. 그렇다면 제트 속 감마선의 속도는 0에서 시작하여 서서히 증가하는 게 원칙인데, 실제로는 분사점에서 가장 빠르다. 이것은 케첩통을 쥐어짜는 것 같은 거대한 압력이 분출되어야만 가능한 일이다.

2. 진짜블랙홀

[1] 초신성 폭발

본론은 별의 무게를 떠나 외핵 내표면의 붕괴여부가 별의 최후를 결정한다고 본다. 주변부 양전자 연료가 소진되어 플라스마가 식게 되면 무거워진 외핵이 처지게 되고, 내표면에 논이 갈라지는 것과 같은 균열이 발생하면 틈새로 양전자떼가 스며들어 감마선 쌍소멸이 시작된다. 그러면 알몸 핵자들과 내표면 조각들이 내핵으로 돌진 하여 거대한 초신성 폭발이 발생하게 된다.

달처럼 작은 천체도 내표면이 깨지는 사건이 발생하는 순간 초신성 폭발을 일으키게 된다. 은하계에서 발견되는 다수의 마이크로 블랙홀이 그런 작은 천체의 잔해일 가능성이 있다. 끝까지 폭발의 기회를 찾지 못한 작은 천체는 어두운 천체로 지내다가 은하가 붕괴되는 시점에 어떤 격변을 맞이하게 될 것이다.

초신성은 수소흡수선이 없는 1형과 있는 2형으로 나누어지는데, 수소흡수선이 없다는 것은 중원소 합성이 끝난 작은 별이라는 의미이므로 잔해가 완전히 흩어지는 비산형 초신성이 될 것이다.

이때 중원소들이 다양한 파장의 방출선을 방출하므로 휘황찬란한 영상을 만들게 된다. 반면 무거운 2형은 먼지구름을 더 많이 휘날릴 것이고, 중심핵은 블랙홀로 발전할 수도 있을 것이다.

초신성의 밝기는 ①처음 몇 주 동안 은하계 별들의 밝기를 전부 합한 것과 비슷하고, ②대부분의 에너지는 중성미자의 형태로 방출되며, ③잔해들은 2만Km/s의 속도로 분출된다. 여기서 중성미자는 감마선 쌍소멸로 중간자 모듈 코어의 전자·양전자가 증발하면서 후두둑 떨어지는 것이므로, 대부분의 에너지를 떠안는 것은 당연한 귀결이다.

이 거대한 에너지를 중력붕괴로 설명하는 건 너무 해맑게 느껴진다. 외핵 철과 중심핵이 충돌할 때 가장 먼저 접촉하는 궤도전자들은 방출선을 내놓을 수는 있어도 감마선을 만들지는 못한다.

물론 핵자들이 붕괴될 정도로 충돌이 강하다면 감마선과 중간자 모듈이 흩날리면서 강한 에너지가 분출될 것이다. 그러나 응고된 중심핵은 흩어지지 않고 철원자만 깨어지는 상황이라면, 핵분열도 핵합성도 아니어서 초대형 TNT가 터지는 것과 같은 화학작용에 불과하다. 그것으로 질량의 몇 %를 에너지로 전환할 수 있겠는가? 총알의 속도가 기껏 1Km/s 미만인데, 그 정도 충돌로 저런 창대한 빛을 만들어낼 수 있겠는가?

이것은 오직 핵자-반핵자의 질량을 모두 털어내는 쌍소멸에서만 가능한 일이다. 즉 초신성은 쌍소멸 붕괴의 가장 강력한 증거이다.

[2] 제트와 블랙홀

쌍소멸로 핵자-반핵자가 붕괴되면 어마어마한 양의 뉴트볼과 중성미자 조각들이 비산하게 된다. 그럼 격자구조 사이로 미처 빠져나가지 못한 건더기들이 하나씩 쌓여 종국엔 틈새를 완전히 메우게 된다. 그럼 빛·열은 빠져나갈 수 있으되 입자는 내부에 갇히는 상태가 되는데, 안에서는 마치 옥타곤의 링에 갇힌 것처럼 입자들이 완전 소진될 때까지 쌍소멸을 지속하게 된다.

그럼 폭발적 에너지로 주변부-내핵 부분이 서로 반대방향으로 회전하게 되는데, Sgr A*의 자전속도는 광속의 30%이고, 중심부가 빛의 속도로 회전하는 블랙홀도 발견된다. 그럼 미어터지는 에너지는 중성미자벽의 두께가 가장 얇은 남-북의 극점으로 분출될 수밖에 없다. 그래서 쌍극제트가 발생하는 것이며, 이처럼 극한의 압력으로 쥐어짜기 때문에 준광속 플라스마가 가능하다. 제트의 주성분이 감마선이라는 것도 쌍소멸이 에너지원임을 반증한다.

쌍소멸 에너지가 더욱 극에 이르면 뉴트볼들이 호떡처럼 납작해져 격자구조의 틈새를 매우 두껍게 겹겹이 틀어막게 된다. 그 결과 등화관제를 한 것처럼 빛이 빠져나갈 길이 완전히 틀어막혀 검은 천체가 되어버린다. 빛마저 삼키는 것이 아니라 빠져나갈 통로가 완전히 막혀버린 것, 이것이 진짜 블랙홀이다.

그러다 내부에서 큰 폭발이 발생하면 일부 감마선이 중성미자벽의 틈새를 간신히 빠져나오면서 에너지를 잃어 고에너지의 X선이 된다. 만약 X선이 조석파괴로 일그러지는 입자들의 최후의 단말마라면,

그것이 제트의 주성분이 되어야 할 것이다. 또 그 틈새로 빠져나온 열에너지의 역선이 꿈틀거려 자기장의 털이 표면을 덮게 된다.

블랙홀의 형태를 구형으로 단정할 수는 없다. 폭발이 방향에 따라 불균일하게 발생하고, 뉴트볼의 밀집도 역시 달라지므로 울퉁불퉁 찌그러질 수도 있고, 그럼에도 입자군-반입자군의 잔여물이 서로 반대방향으로 회전하므로 세차운동도 발생할 수 있다. 실제로도 천문연구원은 초대질량블랙홀 'M87'의 제트가 11년 주기로 세차운동 한다는 관측결과를 내놓고 있다.

제트의 세차운동 상상도
(역상, 천문연구원)

표준모형의 블랙홀엔 무한성장만 있었지만, 쌍소멸모형에서는 끝없는 연소만 있다. 그러다 팽창압력이 줄어드는 단계에 이르면 중성미자벽도 조금씩 허물어질 것이고, 어느 순간 다시 창대한 빛을 방출하는 초신성이 되었다가, 서서히 힘을 잃게 될 것이다.

5억 광년 거리의 'iPTF14hls' 변광성은 당혹스럽게도 100일쯤 빛을 내다가 소멸하는 현상을 2년 동안 5회나 반복하여 좀비별로 불리고 있는데, 플라스마 배출과 핵자-반핵자 쌍소멸이 단속적으로 반복되어 중성미자벽이 닫혔다 열렸다 하기 때문일 것이다.

플라스마가 어느 정도 식으면 극지방으로 빛과 전파를 방출하는 펄서가 된다. 빛을 제트가 아닌 빔·전파의 형태로 방출한다는 것은 감마선이 다단계의 산란을 겪었다는 의미이므로, 내부에 엄청난 잔해들이 떠돌고 있다고 보아야 한다. 방향이 안 맞으면 안 보인다는 것은 극지방의 중성미자벽만 허물어졌다는 의미이다. 밀리초펄서가 초당 10회 내외, 심지어 600회의 펄스를 방출한다는 것은 중심핵의 회전속도 역시 매우 느려졌다는 의미이다. 따라서 펄서는 중년의 블랙홀로 보는 것이 옳으며, 더 식어 중성미자벽이 허물어지면 마지막 초신성의 불꽃을 발하게 될 것이다.

[3] 쇼킹 퀘이사

① 활동성 은하핵 (AGN : Active Galactic Nucleus)

퀘이사는 우주에서 가장 밝고 활동적인 천체이다. 겉보기엔 별처럼 보이는 점광원에서 X선에서 전파에 이르는 모든 파장애서 미친 듯한 에너지를 방출하고, 자외선~가시광선 영역의 에너지가 가장 크다. 열핵반응에서 생성되지 않은 전파가 어디서 나오는 것인가? 특히 24억 광년 거리의 '3C 273'은 현 우주에서 가장 밝은 천체인데, 은하계 1/60만의 크기에서 절대등급 -26.7, 즉 태양의 2조 배, 은하계 전체 밝기 100배의 빛을 발하고 있다.

모든 것이 미스터리인 이 천체를 준성전파원의 약어인 '퀘이사'로 부르게 되었다. 이후 방출선이 특이한 발광천체, 전파가 미약한 세이퍼트 은하 등이 수없이 발견되었는데, 거대한 은하의 중심부라는 사실이 확인되었다. 이에 이들을 통칭하여 '활동성 은하핵'(AGN)이라 부르고 있다. 수 시간~수일에 걸쳐 밝기가 변화하는 퀘이사들은 태양계 정도의 크기일 때 가능한 것으로 추정되었다.

해답은 역시 강착원반에서 찾을 수밖에 없었다. 항성질량 블랙홀과는 비교할 수 없을 정도로 큰 초대질량 블랙홀 주변으로 가스가 떨어지면서 거대한 마찰이 발생했다는 것이다. 그러나 SDS전천탐사를 통해 20만 개 이상의 퀘이사가 발견되었는데, 대부분은 60억 광년 저쪽, 심지어 130억 광년 저쪽에서도 발견되었다. 최초의 은하를 형성하는 데도 10억 년 이상의 긴 세월이 필요한데, 엄청난 물질을 응축한 초대질량 블랙홀이 8억 년의 짧은 시간에 등장하는 일이 어떻게 가능한가?

② AGN의 형성과정

답은 반물질 내핵에서 찾아야 한다. 이미 언급하였듯이 자전하는 모든 천체의 중심엔 속이 빈 쇠공 형태의 반물질 내핵이 있다. 그렇지만 반물질이 성장하는 과정에서 환의 고리가 닫힐 기회를 놓쳐버리면 어지간한 반물질 덩어리가 들어붙어도 구부러지지 않기 때문에, 초중력으로 계속 반물질 덩어리를 끌어당겨, 속이 꽉 찬 쇠공 형태의 핵이 무한성장하게 된다. 이렇게 주변 공간의 반물질 덩어리들을 모두 응축해버리면, 그 주위로 초중력에 이끌린 별들이 따닥따닥 모여들어, AGN이 은하의 중심에 위치하게 된다.

그래서 블랙홀의 종류도 '항성질량 블랙홀'과 '초대질량 블랙홀'로 나누어지고, 전자가 초신성의 단계에서 일생을 시작한다면 후자는 퀘이사의 단계에서 시작한다. 별은 합성된 금속원소가 냉각작용을 하는 '에딩턴 한계'로 인해 태양질량 150배 이상은 성장할 수 없기 때문에 항성질량 블랙홀은 통상 태양질량 100배 이내이다. 그것이 반물질 원통이 구부러질 수 있는 한계라는 의미이다.

그런데 초대질량 블랙홀의 크기는 태양질량 10만~100억 배 이상이고, 심지어 태양 140조 배의 빛을 방출하는 660억 배 블랙홀까지 발견되고 있다. 우리 은하계 중심의 Sgr A*블랙홀은 431만 배이다. 더욱 기이한 것은 항성질량-초대질량 블랙홀 사이의 '중간질량 블랙홀'이 전혀 발견되지 않는다는 것이다. 왜 중간고리가 없는가? 당연히 내핵이 닫힐 기회를 놓쳐버렸기 때문이다. 태양질량 2,200배 등 몇 개의 중간질량 블랙홀이 발견되긴 했지만, 그것은 운좋게 큰 덩어리가 들어붙어 환이 닫힌 특이 사례일 뿐이다.

중심핵의 크기는 흔히 몇 광월로 표현되는데, 속이 꽉 찬 덩어리 이므로 알짜 크기는 생각보다 훨씬 작을 것이다. 질량을 유지하려면 엄청난 공간에너지를 흡입해야 하므로 자전속도도 상상초월이어서 거의 광속에 이를 것이다. 주변 공간엔 중심핵의 반양성자수와 동일한 숫자의 양전자가 무질서하게 공전하면서 둘러싸게 되는데, 양전자끼리의 반발력을 생각하면 은하 전체를 덮을 정도인 수만 광년의 영역까지 퍼지는 게 정상이다.

이 상태에서 별들이 중력에 끌려 밀집하면 어떻게 될까? 먼저 하늘을 뒤덮은 양전자떼가 별 표면의 궤도전자와 쌍소멸하게 된다. 그럼 공유결합의 끈을 잃어버린 핵자 및 물질 덩어리들이 허공으로 유리되어 떠돌게 되는데, 중심핵에 가까운 먼지군들이 먼저 빨려들 어 부나비처럼 몸을 태우게 된다. 그럼 중성미자벽 내부에 켜켜이 쌓인 쌍소멸 에너지는 극지방으로 분출되어 제트가 된다.

그럼에도 태양 몇십조 배의 에너지는 대단해보인다. 학계에서는 퀘이사의 빛을 만들려면 매년 1,000개 정도의 태양을 집어삼켜야 한다고 하는데, 실제로도 무수한 별이 부서지는 전면적 쌍소멸이 일어나야 가능할 것 같다. Sgr A* 블랙홀을 최근접 공전하는 'S1'의 경우 근일점에서의 공전속도가 10,600Km/s여서, 230Km/s인 태양과는 비교할 수 없을 정도로 빠르다. 하물며 태양 수억~수십억 배의 AGN 코앞에 붙어있는 별들이라면 10만Km/s에 이르는 준광속도 너끈히 돌파할 것 같다.

이들이 양전자의 바다를 헤치고 항해하면 표면에서는 대규모의 감마선 쌍소멸이 발생할 수박에 없을 것이다. 그럼 공유결합의 끈인 궤도전자를 잃은 핵자들은 혜성의 꼬리처럼 공전궤도 뒤쪽으로 흩날린 후 AGN의 초강력 중력과 쿨롱힘에 끌려 부나비처럼 중심핵으로 달려들어 몸을 불사를 것이다.

이렇게 별의 껍데기가 증발하면 내핵 공간을 짓누르는 주변부의 압력이 약해져, 외핵 내표면이 부풀어오르다 균열이 발생하는 순간 초신성 폭발이 일어나게 된다. 따라서 중심핵과 인근 별 양쪽에서 다중폭발이 발생하므로, 쌍소멸이 일어나는 별들의 영역까지를 퀘이사의 반경으로 잡는 것이 옳다. 그래서 수백 광년의 크기를 가지게 되는 것이다.

③ 방출선

그럼 이 불덩어리의 반경엔 무수한 원자 · 이온 · 자갈 · 바위 · 소행성 같은 별의 부스러기들이 널려 소용돌이치게 된다. 그럼 먼지군의 중원소들은 빛을 흡수-방출하면서 수소방출선 외에 다양한 파장의 방출선을 내놓을 것이고, 감마선은 크고 작은 잔해들과 무수히 충돌하여 X선-자외선-가시광선-적외선의 단계로 붕괴되고, 거기서 한 단계 더 산란되면 전파까지 방출하게 된다.

이것이 AGN과 초신성의 차이점이다. 즉 AGN은 모든 파장의 방출선을 내놓는 특이천체가 아니라, 두터운 먼지층으로 뒤덮여 감마선이 처연한 몰골이 되도록 산란시키는 폭발적 쌍소멸 천체인 것이다. 쌍소멸이란 에너지원은 같지만 스케일이 틀린다.

AGN은 연소경로가 두 가지이므로 방출선도 2종을 내놓는다. ❶중심핵에서의 쌍소멸은 워낙 거대하여 주변에 두터운 중성미자벽을 형성하게 된다. 이 장벽 안을 들여다보는 건 불가능하기에, 연구자들은 '블랙홀의 그림자'라고 표현한다. 그럼 쌍소멸의 결과물들은 제트를 타고 분출하면서 먼지군과 산란하는데, 이것이 좁은 영역에 집중되었다 하여 '좁은 방출선'이라 부른다.

❷성간 영역에서의 폭발은 ①인근 별 표면의 감마선 쌍소멸 ②초신성 폭발 ③그 잔해인 반물질-물질 덩어리가 일으키는 폭발이 뒤섞여 있는데, 그 결과물들이 아주 넓은 성간영역에서 산란되므로 이것을 '넓은 방출선'이라 부른다.

광활한 성간영역에서의 방출선은 비교적 광도가 낮고, 사건이 벌어질 때마다 폭발력의 증감이 발생하므로 광도변화가 심한 반면, 제트를 타고 올라오는 좁은 방출선은 AGN의 표면에서 집중적으로 이루어지는 핵자-반핵자의 쌍소멸 에너지를 극한의 압력으로 쥐어짜는 것이므로 광도가 높고, 변화가 없으며, 먼 곳까지

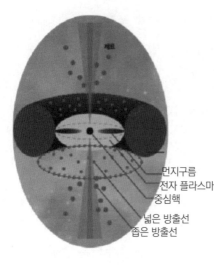

〈퀘이사의 방출선〉

‑ 세이퍼트 은하는 방출선을 내놓음
  퀘이사에서는 전파에너지가 50% 이상

‑ 강착원반의 상공에서 이상하리만치
  넓은 영역에서 방출선 방출
  수소방출선이 주종일 듯
  상대적으로 저에너지일 듯
  (점선 안쪽의 영역)

‑ 제트 주변의 좁은 영역에서도 방출선
  모든 파장의 방출선이 방출될 듯
  자외선, 전파 등 격렬한 파동
  상대적으로 고에너지일 듯

※『동아사이언스』 2016. 06. 발췌

먼지구름
전자 플라스마
중심핵
넓은 방출선
좁은 방출선

방출된다. 연구자들은 넓은 방출선의 영역이 무려 1,000광년에 이른다는 사실에 경악하고 있지만, 달리 설명할 방법이 없다.

특히 별이 빛을 만드는 방법은 열핵반응밖에 없는데, 퀘이사는 어마어마하게 넓은 영역에서 빛을 방출하니 차마 별로도 부를 수 없고, 은하핵의 조석파괴로는 좁은 방출선을 만들 수 없으니 기원이 무엇인지 도무지 오리무중이다. 오로지 쌍소멸로만 가능한 현상인 것이다. 더구나 빛은 전자-양전자가 만나 생성되는 것이므로 감마선이 주성분이어야 하는데, 왜 자외선 · 가시광선인가?

하물며 전파천체 앞에선 망연자실할 뿐이다. 엄청난 산란을 상상하지 못하기 때문이다. 배경복사가 0.1mm~20cm의 파장을 가진 열적 복사라면, 퀘이사의 전파는 수cm~수m의 엄청나게 늘어진 비열적 복사이다. 감마선이 이 정도로 잘게 부서지려면 온 하늘이 자갈 · 바위 등의 두터운 먼지군으로 덮여있어야 가능하다.

먼지층이 너무 두꺼워 그 내경으로 AGN의 크기를 역산할 정도이고, 대부분은 이온화된 상태이다.

그럼 밝고 활동적인 AGN일수록 적색편이가 커질 수밖에 없다. 그래서 대부분의 AGN이 60억 광년 저쪽에서 발견되고, 가장 밝은 퀘이사들은 대부분 120억 광년 언저리의 저쪽에서 발견되는 것이다. 빅뱅 초기에 그런 거대천체가 생긴다는 것 자체가 불가함에도 적색편이의 붉은 입술만 믿고 가속팽창을 외쳐왔던 건 미필적 고의로 비쳐지기도 한다. 아니면 담합이든지...

④ 감마선 버스트 (Gamma Ray Burst ; GRB)

우주물리학 최대의 미스터리인 감마선 버스트는 느닷없이 초신성 폭발과 맞먹는 에너지를 방출한 후 순식간에 사라지는 전자기복사 현상이다. 1990년대에 감마선 위성을 가동하면서 매일 한 건 이상의 GRB가 관측되고 있는데, 30% 정도는 0.2초만에 사라지는 짧은 버스트이고, 대부분은 2초 이상의 긴 버스트이다. 경이롭게도 그 짧은 순간에 태양이 백억 년 동안 방출할 수 있는 분량의 장대한 에너지를 분출한다.

더욱 곤혹스런 점은 동일한 광도곡선을 가지는 폭발체가 하나도 없다는 것이다. 유의미한 패턴을 찾기가 힘들 정도로 지속시간과 맥동이 제각각이고, 밝았다가 어두워질 수도, 그 반대일 수도 있고, 약한 전조 후 진짜 폭발이 발생하기도 하고, 초신성 수십 배 에너지의 하이퍼노바도 있고, 수시간 동안 발광하는 경우도 있다.

그 기원을 밝히기 위해 같은 위치에 백색왜성, 맥동전파원,

초신성, 퀘이사, 세이퍼트 은하 등의 밝은 천체들이 있는지 샅샅이 뒤졌지만 어두운 별과 은하 외엔 없었다. 특이한 것은 이 도깨비불이 둥글게 퍼져나가는 것이 아니라, 좁은 제트 형태로 분출되어 방향이 틀리면 관측이 어렵다는 것이다.

처음엔 은하계 안의 사건인 줄 알았으나, 정밀관측 결과 감마선이 성간기체와 충돌하여 파장이 늘어진 X선·가시광선 등의 잔유휘광에서 높은 적색편이가 확인되어, 대부분 60억 광년, 심지어 120억 광년 저쪽의 외계은하에서 발생하는 사건임이 확인되었다.

이에 대부분의 GRB는 빠르게 자전하는 무거운 항성이 초신성·극초신성으로 짜부라져 중성자별·블랙홀을 형성하는 과정에서 강렬한 복사선이 좁은 영역에 집중된 것으로 해석하고 있다. 또 어떤 것들은 두 개의 중성자별이 충돌하여 엄청난 조석력으로 별의 껍질을 찢어발기면서 폭발하는 것으로 추정되기도 한다.

그러나 우리는 쌍소멸만이 이런 섬광을 만들 수 있다는 사실을 잘 알고 있다. 경로는 두 가지가 있다. 먼저 초신성 폭발로 별의 껍질이 비산해버리면 내핵의 일부는 쌍소멸의 기회를 찾지 못하고 성간을 떠돌게 된다. 그러다 소행성 등의 입자군 물질을 만나게 되면, 내핵 조각을 둘러싼 양전자가 궤도전자를 소진시키는 순간 양자가 달라붙어 거대한 쌍소멸 에너지의 제트를 방출하게 된다.

또 하나의 경로는 AGN이다. 중심핵 인근을 공전하던 별 표면의 입자들이 점진적으로 증발한 후 외핵 내표면 균열로 초신성폭발이 발생하면 주변부 입자의 상당수가 이미 AGN의 목구멍으로 넘어가버린 상태이므로 그만큼 반물질 핵자들이 남아돌게 된다. 태양 질량이 15Km 반경에 압축된다는 중성자별과 비슷한 미니 '반양성자 별'이 되는 셈이다.

그럼 그것은 음전하의 중심핵과 충돌하여 중성미자벽 밖으로 밀려날 것이고, 별들도 기본적으로 음전하의 덩어리이므로 원반 밖으로 밀어낼 것이다. 그렇게 성간영역을 떠돌던 어느 순간 운석덩어리나 소행성을 만나게 되면, 반물질을 둘러싼 양전자떼가 궤도전자를 제거한 후, 운명의 짝들이 뜨거운 폭발을 일으키게 된다. 그럼 짧은 순간에 초신성에 준하는 에너지를 방출하게 된다.

이때 버스트가 어떤 형태로 발생할 것인가는 전적으로 충돌하는 물질-반물질 덩어리의 크기에 따라 달라진다. 대부분의 경우 내핵과는 비교할 수 없을 정도로 작을 것이므로 마치 운석이 떨어지듯 좁은 영역에 감마선의 제트를 분사하면서, 섬광은 수초만에 종료될 것이다. 덩치가 제법 크더라도 폭발력으로 인해 두 덩어리가 서로 반대방향으로 튕겨나간다면 순식간에 폭발이 종료될 것이다. 둘 다 덩치가 크다면 제법 오랜 시간동안 연소되는 것도 가능할 것이다. 그러니 정해진 패턴이 없다.

⑤ AGN의 다양한 형태

대부분의 GRB가 수십억 광년 저쪽에서 발견된다는 사실은 즉각 그 기원이 초신성 잔해보다는 반양성자별에 있다는 쪽으로 심증이 주어진다. 동시에 이것은 반물질 중심핵의 존재 및 퀘이사의 발광 메커니즘에 대한 강력한 증거로도 해석된다. 여기서 제기되는 의문은 모든 은하의 중심엔 반물질의 핵이 존재할 텐데, 왜 일부 은하만 활동적 핵을 가지는가 하는 것이다.

그것은 아마도 은하의 나이와 관련될 것이다. 은하 생성 초기에는 은하핵을 둘러싼 거대한 양전자떼의 쌍소멸로 상상초월의 에너지를 쏟아내지만, 양전자 연료가 점진적으로 소진됨에 따라 AGN의 반경도 줄고, 점차 고요하게 변해갈 것이다.

AGN의 종류는 흔히 ❶세이퍼트 은하 ❷퀘이사 ❸블레이자 ❹전파은하로 나뉘는데, 각 유형마다 스펙트럼상 복잡한 편차가 있고, 방출되는 에너지와 형태가 모두 다르다.

예컨대 전체 은하의 10% 정도를 차지하는 세이퍼트 은하는 전파를 방출하지 않으면서 방출선이 강한 I형과 약한 II형으로 나누어지고, 퀘이사는 전파가 밝은 퀘이사2와 어두운 준성천체로 나누어지고, 은하 전체를 덮을 정도로 밝은 빛을 내는 블레이자는 가시광 방출선이 없는 BL lac과 가시광이 격변하는 OVV로 나누어지고, 전파은하도 폭 넓은 변이가 있다.

여기서 가장 젊은 은하는 쌍소멸 에너지가 그대로 방출되는 BL lac로 보아야 하며, 점진적으로 먼지군이 많이 비산하면서 방출선이 늘어나므로 OVV의 단계를 거치게 된다. 여기서 더 두꺼운 먼지층이 감싸게 되면 감마선이 극도로 산란되어 전파의 양이 많아지므로 준성천체를 거쳐 퀘이사2의 단계에 이를 것이고, 다음엔 전파천체의 단계를 거친 후, AGN이 어느 정도 먼지군을 빨아들여 성간이 조금씩 맑아지면 전파가 없는 세이퍼트 I · II가 될 것이다. 여기서 먼지층이 더 얇아지면 Sgr A*처럼 고요한 상태의 은하핵이 될 것이다. 여기서 우리는 은하의 일생을 엿볼 수 있다.

[4] 은하의 일생

① 은하계의 삼극자기장

태초 후 균질하게 분포되었을 입자들이 은하라는 국소의 영역에 밀집된다는 건 매우 기이한 현상이다. 원인은 반물질 내핵이 급속히 성장하여 질량을 집중시켰기 때문이다. 이후 입자군이 모여들어 군집이 형성되었고, 은하핵에 초대질량이 집중되면서, 벌겋게 부푼 별들이 몰려들어 은하라는 별무리가 형성되었을 것이다.

은하의 형태는 타원은하·나선은하 등 다양한 형태가 있다. 기원이 같은데 왜 모양이 다를까? 그것은 각각의 성숙도가 다르기 때문일 것으로 추정한다. 별은 자체가 하나의 자석이자 음전하의 덩어리이기 때문에 은하자기장의 범위 안에서 위치를 잡고 운행한다. 표준모형에서는 은하계에서 발전기를 돌릴 수 있는 물질의 유동과 적절한 조건이 없기 때문에 은하자기를 부정하였지만, 관측결과 다양한 자료들이 드러났다.

은하자기의 세기는 위치에 따라 다르지만 어디에서나 관측된다. NASA는 태양자기장 5G(가우스), 흑점 자기장 4천G, 지자기 1G임에 반해 은하계 나선팔은 1/5백만G, 중심부는 1/1,000G 정도의 자기장이 분포한다는 보도를 내놓았다. 굉장히 미약해보이는 수치임

플랑크 위성이 바라본 은하 자기장 지도
(유럽우주국)

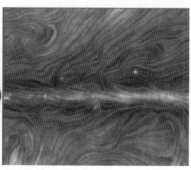

※ 오른쪽 그림은 황도면 일부를확대한 것임

에도 그것을 대규모 자기장이라 표현하고 있었다.

유럽우주국은 플랑크 위성의 관측자료를 토대로 위 그림처럼 우주를 가로지르는 은하자기의 지도를 작성하였다. 황도면을 가로지르는 검은 띠를 '배경복사를 산란시키는 작은 먼지 길'(?)이라고 소개하고 있는데, 정확한 의미는 잘 모른다.

별에서는 양전자떼가 지자기의 근원이었지만 은하핵은 속이 꽉 차 있어서 양전자떼는 무질서하게 주변을 공전하고, 은하핵이 은하자기의 주체가 된다. 본론은 질량체를 들락거리는 공간에너지의 역선이 정렬될 때 자기장, 정렬되지 않았을 때 중력장을 형성한다고 보는데, 은하핵의 질량을 유지하려면 초광속 자전하면서 엄청난 공간에너지를 흡입해야 한다. 그럼 공간에너지는 모든 방향에서 유입-유출되겠지만 적도 방향에서 가장 많은 분량을 흡입할 것이고, 중위도-고위도로 올라갈수록 그 양이 줄어들 것이다.

한편 은하핵의 음전하는 뭉뚱그려 (-)자기장으로 발현되기 때문에 양전자떼가 반양성자의 역선을 잡고 공전하는 것은 불가능하다. 더구나 뉴트볼들이 극단적으로 길죽해진 상태에서 은하핵에 촘촘히 달라붙기 때문에, 양전자떼는 여기에 튕겨 일정거리 이상 접근하는 것도 불가능하다. 따라서 (+)자기장의 역선은 성립되지 않고 은하핵의 (-)자기장만 남게 된다.

그럼 은하핵 내부로 진입한 공간에너지가 반양성자·반중성자 갈아타기를 하면서 코어에 도달하면, 거기에는 모든 방향에서 유입된 역선들이 집결하여 충돌하게 된다. 여기서 적도 방향에서 유입된 중심적 물줄기가 크게 남-북의 두 갈래로 갈라지고, 일부는 사선방향으로 비틀어져 중위도 쪽으로 분출될 것으로 상상된다.

그럼 중위도 쪽으로 비집고 나가는 (+)의 역선은 반핵자들의 음전하와 상쇄된다고 볼 때, 크게 적도방향 N극과 남극-북극 방향 S극 역선이 살아있게 된다. 따라서 이 세 갈래의 역선이 은하계를 뒤덮게 되는데, 본론은 이것을 '삼극자기장' 이라 부른다.

삼극 자기장

그 결과 황도면의 공간 에너지는 중심핵을 향해 빨려들고, 그 공백 부분을 메우기 위해 상하의 공간에너지가 황도면 쪽으로 유입될 것이다. 따라서 은하자기의 역선은 은하핵의 남북으로 N극이 솟구쳐 원반 끝까지 이어진 후, 황도면으로 떨어지는 형태가 된다. 앞쪽 은하자기 지도에서 ①황도면의 직선 자기장 및 ②남-북의 대칭적인 자기장의 모습이 이에 대한 증거일 것이다.

② 은하계의 형성원리

은하핵 주변의 양전자떼는 자기장에 반응하면서 무질서하게 공전하게 되는데, N극이 강한 적도를 지날 때는 옆으로 드러눕고, S극이 강한 극지방을 지날 때는 몸을 일으켜 둥글게 공전하게 된다. 그 과정에서 양전하끼리의 반발로 멀리 튕겨나는 놈도 있을 것이고, 은하자기가 분포하는 모든 곳으로 분산되어 떠돌 것이다.

그럼 즉각 다음의 비밀이 해소된다. 학계에서 '재이온화 시대'라는 핫이슈가 있는데, 현재 성간영역에 퍼져있는 수소·헬륨·먼지 등의 입자들은 대부분 이온상태로 존재한다. 이것을 주계열성 밝은 별에서 쏟아지는 고에너지 자외선이 궤도전자를 들뜨게 만든 것으로 해석하지만, 이온화된 전자는 어디로 사라져버린 것인가? 그래서 '이 많은 양전자는 도대체 어디서 온 것인가?' 라고 탄식하면서, 대량의 양전자가 생성되는 몇 가지 메커니즘을 제시하고 있지만, 쌍소멸이란 원천을 모르니 성공할 리 없다.

한편 은하핵의 중력에 끌려 밀집하게 된 별들은 양전자떼로 인해 은하자기에 둔감해진 상태여서 부푼 찐빵처럼 둥글게 분포하면서 은하핵의 상하로 자유롭게 공전하게 된다. 그래서 초기의 은하는 다음쪽 그림 'E0'처럼 공모양으로 밀집하게 된다.

그러면 자기장에 민감한 양전자들이 별보다 빠른 속도로 움직이면서 충돌하므로, 모든 별들의 표면에서 감마선 쌍소멸이 일어나, 은하계 전체가 창대한 불빛에 휩싸이게 된다.

여기서 오랜 시간이 경과하면 은하계 가장자리의 양전자부터

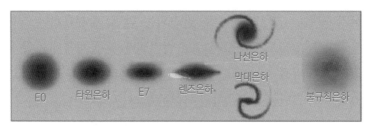

은하의 분류 (역상, 네이버 이미지)

소진되기 시작한다. 그러면 적도 부분의 (-) 자기장이 점차 선명하게 드러나면서 인근의 별들이 황도면으로 가라앉기 시작한다. 가라앉는 이유는 황도면 위쪽에 분포된 공간에너지가 황도면의 (-)자기장 쪽으로 빨려들면서 별을 짓누르기 때문이며, 황도면 아래쪽의 별들도 똑 같이 황도면으로 올라붙게 된다. 그럼 은하가 조금씩 계란모양으로 압축되어 '타원은하'가 형성된다.

여기서 양전자가 더 소진되면 가장자리의 별부터 황도면으로 압축되어 황도면의 길이가 점점 늘어나고, 그만큼 둥근 영역이 줄어들게 된다. 그럼 E7의 단계를 거쳐 가운데만 볼록한 렌즈은하가 되는데, 나선은하와 막대은하 두 종류가 있다.

허블은 타원은하를 편평도에 따라 E0~E7으로 나누고, 나선은하는 팔이 감긴 정도에 따라 a·b·c로 세분하였는데, 나선은하가 77%, 타원은하가 20%를 차지한다. 우리 은하계의 반경은 5만 광년, 원반의 두께는 1~2천 광년인데, 두꺼운 먼지·가스층이 1만 광년 두께로 퍼져있다. 양전자 쌍소멸의 잔해일 것이다.

관측상 타원은하는 상대적으로 무겁고, 고온이고, 붉은색이고,

은하가 밀집된 지역에서 주로 발견되는 반면, 나선은하는 식어서 파란색이고, 저밀도 지역에서 주로 발견된다. 은하계에서 가장 늙은 별의 나이가 우주 나이에 근접하는 135억 살로 드러나 한때 논란이 일었었는데, 그만큼 나선은하의 나이가 많다는 의미이다.

벌지(팽대부)의 미스터리도 이런 시각에서 설명할 수 있다. 타원은하·렌즈은하의 중심엔 황금알처럼 볼록하게 솟아 노란색 화광을 내뿜는 벌지가 있는데, 은하핵 인근에 고밀도로 집적된 양전자가 쌍소멸을 일으킨 후 산란된 결과일 것이다. 또한 벌지의 별들이 궤도공전 대신 털실을 감는 것처럼 은하핵 주위를 지그재그로 자유롭게 공전하는 것도 뒤섞인 자기장의 역선 때문일 것이다. 우리 은하계의 벌지는 처음 예상했던 찐빵 형태가 아니라 막대형으로 확인되었는데, 벌지가 막대형으로 길죽하게 성장한 이유는 잘 떠오르지 않는다.

여기서 양전자가 더 소진되면 벌지는 점점 가라앉고, 은하의 크기도 줄어들 것이다. 상당수 은하는 벌지가 없고, 심지어 납작한 은하도 발견되어 연구자들을 놀라게 만드는데, 그만큼 늙었다는 뜻이다. 여기서 더 오랜 세월이 경과하면 쌍소멸 에너지를 잃어 어두운 불규칙은하의 모습을 보게 될 것이다.

그 외에도 은하계에는 단순논리로 설명하기 힘든 복잡한 구조와 현상들이 연계되어 있다. 여기서 우리는 다양한 은하의 모습을 본 게 아니라, 은하의 일생을 파노라마로 보고 있는 셈이다.

③ 은하의 증발

생명은 부모로부터 받은 것이지만 땅에서 난 것을 먹고 자라 결국 흙으로 돌아간다. 별 역시 그렇다. 앳된 초신성의 모습으로 일생을 시작하여 결국 초신성으로 일생을 마치면서 모든 살점이 흩어진다. 은하 역시 그럴 것이다. 그 수명을 200억 살 내외로 볼 때 결국은 화려하고 찬란한 불꽃쇼를 마친 후 어둠 속으로 사라질 것이다.

노화는 은하의 모든 곳에서 동시적으로 진행될 것이다. 별들은 끝없이 중원소를 합성하여 무게가 줄어들고, 큰 별들은 필경 외핵 내표면이 깨어져 초신성의 불꽃을 피운 후, 홀연히 증발하여 블랙홀이 되었다가 언젠가는 사라질 것이다. 우리 은하계 곳곳에서 무수한 항성질량 블랙홀들이 발견된다는 건 예전에는 지금보다 훨씬 컸었다는 의미이다. 달처럼 차가운 천체들은 마지막까지 남아 왜소은하를 떠돌겠지만 결국엔 끝이 있을 것이다.

은하핵 역시 부나비처럼 빨려드는 양이온들로 인해 매일 크기가 줄어든다. 궁수자리 Sgr A*는 왕성한 활동을 멈추고, 제트도 없이 고요하지만 역시 증발을 피할 수는 없다. 은하핵의 크기는 태양질량 10만~100억 배 이상이라 하였는데, 왜 이렇게 편차가 큰 것일까? 혹시 처음에는 모두 크게 태어났다가 점차 쫄아들어 다양한 크기의 은하가 된 건 아닐까? 태양질량 100억 배의 퀘이사도 불꽃이 식었을 때 산술적인 크기로 줄어드는 건 아닐까?

관측상으로도 이런 흔적이 꽤 있다. 우주엔 정상은하 1/5 크기에 절대광도도 극히 낮은 '왜소은하'가 많이 있는데, 우리 은하계를 공전하는 위성은하가 25개에 이른다. 학계에서는 이것을 거대은하의 빌딩블록으로 생각하는 견해와 거대은하의 중력으로 인해 작은 나선은하가 부서진 잔해라는 견해가 있는데, 본론처럼 수백억 살의 나이를 먹고 그냥 쫄아든 은하일 가능성도 배제할 수 없다.

별들이 거의 없는 암흑은하도 종종 발견된다. 예일대팀이 발견한 'Dragonfly 44'는 우리 은하계와 크기가 비슷하면서도 매우 어둡고, 질량은 더 무겁다. 별들의 연소가 거의 끝난 늙은 은하인 것이다. X선 위성 로샷으로 발견한 한 은하단은 은하단 이상의 중력을 가지고 있으면서도 은하는 한두 개에 불과하고, 플라스마 속에서 대량의 철 원소가 발견되었다. 또 별의 숫자가 정상치의 1/1,000에 불과한 은하들도 다수 발견된다. 모두 노화의 흔적일 것이다.

이렇게 은하들이 차례차례 죽으면 우주의 역사는 끝나는 것인가? 아니다, 육신에서 떨어져나갔던 원소들이 새 생명의 싹을 틔우듯 은하가 뿜어낸 막대한 에너지와 입자들은 또 어딘가에서 새로운 은하의 살점이 되어 거대한 불꽃을 뿜어낼 수도 있다. 이렇게 입자와 에너지가 순환한다면, 선조 은하의 자리를 후대 은하가 메워 우주의 역사는 무한히 이어질 수도 있지 않을까?

이제 그 마지막 여정을 확인해보자.

제5절. 순환우주 모형

제5절. 순환우주모형

1. 태초의 균열

[1] 간섭계실험

맑고 파아란 하늘을 올려다본다. 저 허공엔 신선한 공기와 빛·전파·복사·중성미자 등이 가득 차 있다. 저 입자들을 제외한 나머지 공간은 과연 텅 비었을까? 입자와 별 등 모든 우주적 존재는 돈다. 연구자들은 타고난 각운동량 때문이라고 하지만 아니다. 위상차를 해소하여 평형상태로 회귀하려는 본능의 산물이다. 공간에 무언가가 채워져 있어서 발생하는 현상이다.

그럼에도 아인슈타인은 에테르 같은 건 없다고 단언하면서 시공간을 이야기하였고, 그의 성공은 너무나 화려하였다. 그러나 진공에 대해 어떤 증명이 있었던가? 그 망칙한 시간 차원을 빼버리면 허공만 남는데, 좌표지점은 어떻게 존재할 수 있는가? 반발력을 얻을 대상이 없는데 입자는 무엇을 딛고 회전하며, 우주선은 무엇을 밀쳐내고 전진할 수 있는가? 입자 사이가 완전한 단절인데 어떻게 대상을 인식하고, 힘들여 상호작용할 이유가 무엇인가?

진공에 대한 유일한 증명은 간섭계실험인데, 그것은 무엇을 증명했는가? 단지 지구가 공전하면 그 이동거리만큼 빛이 진행한 거리에도 차이가 발생해서 간섭무늬가 발생해야 한다는 것인데, 만약 지구가 돛단배처럼 에테르의 바다를 스쳐지나가는 것이라면 그 말이 맞다. 그런데 노도 동력원도 없는 지구는 어떻게 움직이는가?

강물처럼 떼밀어주는 무언가가 있어야 전진할 수 있는 것 아닌가?

반대로 미지의 미립자가 충만해있다고 치자. 그럼 자신의 영역을 침범하여 옥죄는 덩치들을 밀쳐낼 것은 당연한 일이다. 이때 입자의 구조가 좌우비대칭이면 돌출된 쪽에 더 많은 미립자가 집중되어 회전이 시작될 것이고, 미립자들이 그 내부를 관통함으로써 전자기장이란 역선이 발생할 것이고, 내부에 일단의 미립자가 압축된다면 질량이란 밀도차가 발생할 것이다. 입자-공간의 상호작용으로 다양한 파생적 현상이 발생하게 되는 것이다.

지구의 움직임도 들여다보자. 모든 방향에서 침투한 미립자들이 입자들을 스크루처럼 회전시키면서 점점 안쪽으로 미끄러져 중심을 통과한 후 12,700Km 저쪽으로 빠져나갈 것이다. 이처럼 지표의 모든 방향에서 동일한 압력으로 침투하고, 지구 공전과 동일한 속도로 분포이동을 한다면, 기차 속의 내가 기차에 대해 정지한 것처럼 공간물질은 지구에 대해 정지상태가 되어버린다. 파도 위의 서퍼가 파도와 같은 속도로 움직이는 것과 마찬가지인 것이다.

그럼 간섭무늬가 나타나지 않는 건 당연한 결과 아닌가? 오히려 시공간이 충만한 경우에도 그것은 지구와 함께 분포이동 하지 않으므로 공전속도만큼 광속에 차이가 나는 게 정상이다. 따라서 간섭계 실험은 공간물질의 존재에 대한 직접적 증거로 해석되는 게 옳다.

슈느님의 시간지연현상은 공간물질의 밀도차로도 설명할 수 있는 것이므로, 관찰자가 어떤 속도로 이동하든 광속은 불변이라는 요상한 전제, 이것이 오히려 증명되지 않았다. 그래서 '특수'라는 이름을 상대성이론 앞에 덧붙였던 것이다. 그 증명이 가능하겠는가?

진공개념의 가장 큰 문제점은 극미의 입자라도 3차원적 좌표와 실체를 가져야 하건만, 그 구조와 벌크를 인정할 수 없다는 것이다. 그냥 에너지 경단으로 어떤 입자든 빚어내면 그만이고, 입자는 공간의 성분인 4종 힘과 질량을 창출하는 신통력을 부려야 하고, 구름빵 같은 입자를 무한응축해서 우주적 질량을 특이점에 구겨넣을 수도 있고, 죽었던 진공에너지도 되살려낼 수 있다.

한 마디로 마법이다. 표준모형의 시작과 끝은 마법적 상상으로 점철되어 있고, 에너지란 요술방망이만 있으면 못해낼 일이 없다. 물리법칙 따위는 안중에도 없고, 인과론마저 뒤집어진다. 그래서 소립자론·우주론의 모든 결론들은 정말 기이하게도 모든 물리현상을 정반대로 설명한다. 그 원점에 슈뉴님의 말씀이 있다.

[2] 태초의 균열

팽창우주가 아니라면 우주는 '정지우주'여야 한다. 지금과 똑 같은 크기의 원시우주에서 태초의 사건이 일어나 입자와 공간이 생겨난 것이다. 그 크기는 적색편이에서 도플러효과를 삭제해버리면 대략 반경 70억 광년 내외로 추정할 수 있고, 입자의 생성과정은 핵력에 관한 설명에서 8분모형으로 제안한 바 있다.

그럼 광활한 우주에서 물질이 차지하는 질량은 4.8%에 불과하고, 뉴트볼의 크기도 양성자보다 작은데, 이들 알갱이들을 제외한 나머지 공간은 어떻게 되어 있을까? 원시우주의 내용물 모두가 8분균열되었던 원시경단으로 압축되지는 않았을 것 아닌가?

이에 본론은 원시경단을 제외한 나머지 공간의 내용물은 극미한 크기의 공간물질 알갱이로 균열되어 공간을 가득 채우고 있을 것으로 상상한다. 그것들이 입자의 안팎을 들락거리면서 질량과 전자기장을 형성해야 하므로, 그 크기는 '전자의 1/100 이하'여야 한다고 본다. 어림잡아 10^{-20}m 이하의 극미한 크기이다.

반면 8분균열된 원시경단은 10^{-17}m 이상이라고 본다. 그럼 어떻게 하면 미세알갱이와 원시경단을 동시에 만들 수 있을까? 「궁극우주」에서는 태초의 균열이 발생하는 순간, 단세포 상태의 투명젤 같았던 내용물이 한변 10^{-20}m 인 정육면체로 갈라진 후, 마찰에 의해 모서리 부분이 떨어져나가, 속살은 공간물질이 되고, 부스러기들이 응집되어 원시경단이 형성된 것으로 보았다.

그러나 부스러기들이 응집되는 메커니즘에 설득력이 없었고, 특히 '우연적인 균열로 엄밀하게 균일한 알갱이들을 형성하는 게 가능한가' 하는 난제 앞에서 끝없는 번민이 이어져왔었다. 이에 생각을 고쳐보았다. 무에서 우주의 알이 돌출되었다는 것은 어떤 설계에 의한 것이어야 하므로, 처음부터 공간물질 알갱이로 분화할 수 있는 어떤 씨앗이 점점이 박혀있었던 것 아닌가, 아니면 공간물질과 원시경단으로 분화할 수 있는 어떤 실금이 나 있었던 것은 아닐까?

그것들이 분화하는 태초의 사건은 모태우주 스스로 만들어낼 수는 없다. 계란도 품어야 부화가 되듯이 외부에서 에너지가 투입되거나, 모태우주의 안정상태를 송두리째 흔들어놓는 어떤 충격적 사건이 있어야 한다. 그런데 본인은 얼핏 거대한 파도가 막의 끝으로 몰아치다 돌아나오는 환영을 본 적이 있었는데, 그로부터 난제의 많은 부분이 해소되었었다. 그래서 태초의 사건은 우주막이 출렁거리는 '외적 충격'일 때 가장 적합성이 있다는 결론을 내리게 되었다.

태초의 과정은 다음과 같이 전개해볼 수 있다.

❶ **태초의 균열** : 모태우주가 생성된 과정은 상상불가의 영역이지만, 어쨌든 그 알이 있었기에 지금의 우주가 있다. 알이 생겼다는 것은 곧 어떤 막으로 싸여 있었다는 것이고, 경계가 있었다면 내용물도 당연히 있었을 것이다. 여기에 모태우주의 막이 찢어질 정도의 '외적 충격'이 있었을 것으로 상상되는데, 그 순간 내용물이 물풍선처럼 수직으로 부풀어올랐다 수평으로 납작해지는 출렁임이 반복되었을 것이다.

❷ **열경화 현상** : 이렇게 내용물이 전후-좌우-상하로 비틀리면서 씨즐-날줄-옆줄로 살결이 찢어져, 한변 10^{-20}m의 비틀린 정육면체 형태로 실금이 생기게 되었다. 미세균열점이 발생하면 드디어 알갱이끼리의 마찰이 시작되어 뜨거운 열이 치솟게 되고, 그로 인해 도자기를 굽는 것 같은 열경화현상이 발생하게 된다.

이에 각 미세균열점의 모서리들이 깎이고 떨어져나가면서 코어의 조금 딱딱한 부분이 탄성적인 고무공처럼 소성되어 공간에 충만하게 되었을 것이다. 본론은 이 미립자들을 아마추어 중력이론가 김영식님의 개념을 차용하여 '바탕질'이라 부른다. 아마도 그 표면은 균열의 상처로 인해 멍게처럼 오돌도돌할 것이다.

❸ 원시경단의 생성 : 바탕질 알갱이가 빠져나가고 남은 모서리 부분은 아직 경화가 덜 되어 반죽처럼 끈적끈적한 상태일 것이다. 그럼 구멍이 숭숭 뚫린 해면처럼 연결되어 있을 텐데, 바탕질 알갱이들이 파도를 타고 출렁이기 시작하면 필라멘트의 중간중간이 끊어져 덩어리로 뭉쳐지고, 계속해서 알갱이들이 모든 방향에서 충돌하므로 딱딱한 구슬 모양의 원시경단으로 다져질 것이다.

❹ 8분균열 : 원시경단의 경도가 일정 수준을 넘어서면 바탕질의 충돌압력을 버티지 못하고 쨍~ 하고 갈라지게 된다. 특히 바탕질 알갱이는 우주막의 끝에서 반사되면서 여러 방향의 운동성을 동시에 가지게 되는데, 원시경단의 상하에 반대방향의 스핀이 걸리게 되면 사과를 양손으로 비틀어 쪼개듯 뭉텅 두 개의 덩어리가 떨어져나가 타우중성미자-반타우중성미자가 생겨나게 된다.

거기에 이끌려 파인애플 슬라이스 조각처럼 가운데 남은 조각이 수직으로 일어서면 또 세게 두들겨맞아 뮤중성미자-반뮤중성미자가 떨어지고, 다시 뒤집혀 전자중성미자-반전자중성미자가 떨어져나가게 된다. 코어에 남은 덩어리는 경화가 가장 많이 진행된 상태여서 가장 딱딱한 전자-양전자로 갈라지게 된다. 이것이 등은 둥글지만 배부분이 톱니처럼 튀어나와 바탕질을 일정 방향으로 유동시킬 것이므로, 거기서 전하와 질량이 발생하게 된다.

❺ 환원소멸 : 극미의 입자들이 마음이 있을까? 그러나 껍질이 벗겨지고 살이 찢어지는 아픔 속에서 태어났으니까 당연히 통증 정도는 느낄 것으로 생각한다. 따라서 환원소멸의 욕구를 가질 것은

당연한 일이다. 가장 먼저 날뛰는 바탕질 알갱이들이 렙톤 조각을 밀어내어 전자-양전자의 회전이 시작되고, 일단의 중성미자가 그들의 손을 잡고 중간자 모듈을 형성하였을 것이다

아직까지 태초의 파도가 유동하고 있기 때문에 바탕질이 밀집된 영역에서는 중간자 모듈의 수명이 길어서 양성자 · 4e중성자의 합성이 폭발적으로 이루어지는 반면, 소한 영역에서는 전자-양전자 쌍소멸로 감마선이 생겨날 것이다. 창세기엔 '빛이 있으라 하시니 빛이 있었다'고 하신 반면, 빅뱅모형은 2억년 후 열핵반응으로 최초의 빛이 우주를 밝혔다고 했지만 말씀이 옳았던 셈이다.

또한 소한 영역에서는 광속도 상대적으로 느려지기 때문에 타우중성미자-반타우중성미자가 감마선을 포획하여 가운데에 끼워넣고, 사방에 나머지의 중성미자들이 모여들면 '완전한 환원소멸'을 이룰 수 있게 된다. 광자포획에 실패한 중성미자들은 코어를 비워넣고 '뉴트볼'을 형성할 수도 있다.

❻ **편평우주** : 바탕질 알갱이는 물분자처럼 진동하면서 압력의 평형상태를 찾아가게 된다. 태평양 바다처럼 잔잔한 상태에 도달할 때까지는 아마 장구한 세월이 걸렸을 것이다. 3°K 라는 우주공간의 온도는 바탕질 알갱이끼리의 마찰열을 반영한 것으로 본다.

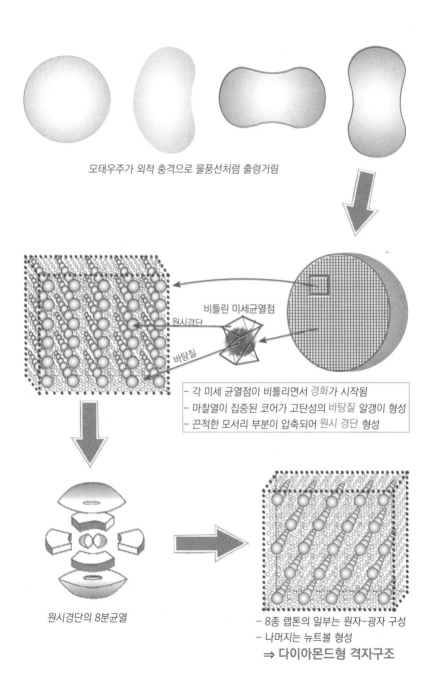

모태우주가 외적 충격으로 물풍선처럼 출렁거림

비틀린 미세균열점

원시경단

바탕질

- 각 미세 균열점이 비틀리면서 경화가 시작됨
- 마찰열이 집중된 코어가 고탄성의 바탕질 알갱이 형성
- 끈적한 모서리 부분이 압축되어 원시 경단 형성

원시경단의 8분균열

- 8종 랩톤의 일부는 원자-광자 구성
- 나머지는 뉴트볼 형성
⇒ **다이아몬드형 격자구조**

2. 입자-공간의 상호작용

[1] 에너지의 실체

표준모형을 들여다보면서 가장 당황스러웠던 것은 에너지가 우주의 근원인데 실체가 없다는 것이다. 최소한 어떤 건더기가 있어야 딱딱한 형상과 물리적 힘이 생겨날 수 있는 것 아닌가? 그런데 양자론에서는 진공에너지를, 우주론은 시공간을 이야기하고 있었다. 시간이, 아니 아인슈타인이 존재의 근원이었던 것이다.

그러나 그 동안 존재의 이면에 숨겨져 있었던 허공의 진실이 드러나면, 수면 위 백조의 모습만 보고 느꼈던 착시와 환상이 사라지고, 존재의 진실한 모습을 입체적으로 조망할 수 있게 된다. 그러면 미시에서 거시가 하나의 고리로 연결되어 있다는 사실을 발견하고, 인과론에 기반하여 일관논리를 도출할 수 있게 된다.

먼저 단풍잎이 뱅글뱅글 돌면서 떨어지는 이유는 무엇인가? 무게중심이 한쪽으로 쏠려 양쪽에 상이한 압력이 걸리기 때문이다. 그럼 바탕질의 바다에 입자가 떨어지면 어떻게 될까? 간격이 좁아진 바탕질은 서로 겹쳐지는 것을 거부하고 최소한의 기본적 공간을 확보하려는 축퇴압을 발휘할 것이고, 태생적으로 앞뒤 모습이 다른 전자·양전자는 등보다 전면 돌기에 더 많은 알갱이들이 집중되어, 더 많은 거리를 밀려나게 될 것이다. 그럼 회전이 시작된다.

그런데 바탕질은 딱딱하게 다져진 렙톤과 달리 압축되는 과정이 없어서 고무공과 같은 탄성을 가지는 것으로 추정한다. 그럼 입자의 회전이 시작되는 순간 일부 알갱이가 납작하게 눌려 내부의 요철에 걸리게 되고, 그런 결손이 발생하면 뒤쪽의 알갱이들이 공백 쪽으로 왈칵 떼밀려 입자의 스핀은 더 빨라지게 된다. 그럼 회전반경 내부에 더 많은 알갱이가 압축되어 바탕질의 분포에 소밀차가 발생하고, 그러한 밀도차가 '질량'으로 관측된다.

이어 질량을 형성했던 알갱이들이 스크루처럼 돌면서 빠져나가면 입구-출구쪽에 음양의 역선이 생겨 '자기장'으로 관측되고, 동시에 배부분의 돌기가 바탕질을 밀어내거나 당기는 방향의 유동을 일으키면 '전하'의 역선이 발생한다.

1석3조! 입자는 공간물질의 바다에서 뱅글뱅글 돌며 물장구를 친 것 뿐인데, 물살이 여러 갈래로 퍼져나가 3종의 물리적 힘이 동시에 생성된 것이다. 그럼에도 이것이 입자가 만들어낸 것인가?

입자-반입자가 만나면 어떻게 될까? 회전이 멈추면서 힘은 사라지고, 질량을 형성했던 알갱이들이 바탕질의 바다에 쏟아진다. 그럼 만원버스처럼 밀착된 바탕질이 격렬한 자리다툼을 벌여 뜨거운 마찰열이 발생하게 되는데, 그것이 바로 '에너지'이다.

그러다 시간이 지나면 알갱이들 사이의 간격이 일정해져, 압력의 균형상태에 이르면서 마찰열은 식을 것이다. 따라서 에너지는 끝없이 공간 속으로 스며들어 낮은 곳으로만 흐를 수 있고, 스스로 뜨거워지는 역의 과정은 불가능하다. 우주 전체적으로는 바탕질 수가 불변이어서 에너지보존의 법칙이 성립된다 하겠지만, 자연계에서는 엔트로피라 불리는 '열역학 제2법칙'이 우선하게 된다.

전자·양성자의 스핀은 광속에 가깝고, 빛과 중성미자들도 광속으로 움직인다. 이것은 바탕질이 이물질을 밀어내는 속도가 그렇다는 의미이다. 그래서 광속과 파동의 속도가 같다.

그러나 바탕질 알갱이 수가 늘어나 온도가 높아지면 반발력이 커져 광속은 빨라지는 반면, 파동은 한번 진동에 전파되는 거리가 짧아져 느려지게 된다. 여기에 질량이 쏟아지면 중첩된 압력이 광속으로 전파되므로, '질량 전파속도×바탕질 전파속도'의 에너지가 발생하게 된다. 그래서 $E = mc^2$이란 공식이 성립하게 되는 것이다.

[2] 빛의 진실

① 빛의 구름 : 빛은 정녕 복마전이다. 질량이 없음에도 에너지를 가지고, 파장도 극히 다양하다. 에너지는 바탕질이 중첩되는 위상차에서 발생하는데, 스핀도 없는 둥근 몸체 어디에다 바탕질을 감금하는가? 열 또한 기이하다. 입자성이 없으면서도 양자 상태로 방출되고, 태양열은 -270℃의 우주공간을 8분간 온전히 건너와 지표에서 작렬한다. 열이 어떤 캡슐에 담겨 운반되지 않으면 불가능한 현상이다.

해답의 단서는 '빛의 구름'에서 찾아야 한다. 옆 그림처럼 전자에 자기장을 걸어 진로를 급히 꺾어 주면, 알몸전자와 분리된 빛의 구름은 그대로 직진하다, 잠시 후 X선 혹은 감마선을 방출하면서

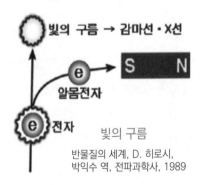

빛의 구름

반물질의 세계, D. 히로시,
박익수 역, 전파과학사, 1989

소멸된다. 기이한 에너지 증폭현상처럼 보이지만 실상은 전자의 뒤꽁무니에 붙어있던 광자가 그대로 직진한 후 전자에서 박리된 빛의 구름과 그 속에 함축된 에너지를 흡수하여 에너지가 극도로 커진 것이다.

문제는 빛의 구름의 정체가 무엇인가 하는 것이다. 양자론에서는 빛의 구름을 가진 양성자보다 없는 중성자의 무게가 미세하게 무겁다는 사실을 근거로 (-) 질량의 작용을 한다는 정도로 추정할 뿐, 넷상에서 추가적인 자료는 거의 발견되지 않는다.

본론은 설탕물이 굳을 때 잡아당기면 실가닥이 흩날리는 것처럼, 원시경단이 8분균열할 때 6종 중성미자와 전자·양전자 사이에서 떨어져나온 실가닥 형태의 부스러기일 가능성이 있다고 본다. 그럼 전자·양전자가 회전을 하면 이것들이 솜사탕처럼 말려들어 거미줄 혹은 얇은 누에고치 형태로 주변을 둘러쌀 수 있다.

그 틈새가 10^{-20}m보다 작다면 바탕질 알갱이가 쉽게 빠져나가지 못할 것이므로, 복주머니처럼 미량의 에너지를 담을 수 있게 된다. 이것이 전자질량의 한 원인일 수도 있다. 그런데 전자-양전자가 합체하면 양쪽의 빛의 구름도 합체하여 공처럼 감싸게 될 것이므로 그 내부에 상당량의 바탕질이 응축될 수 있다. 그것이 아마 빛에너지의 근원일 것으로 추정해본다.

② 전자기파란? 빛이 격자구조와 충돌하면 어떨까? 양쪽 빛구름의 틈새가 반쯤 벌어질 것이다. 그럼 왈칵 바탕질이 쏟아져 전기장의 역선이 발생하고, 그 직각방향의 바탕질들은 발을 헛디디듯 내부의 공백쪽으로 밀려들어 자기장의 역선이 나타나게 된다. 그래서

전기장-자기장이 직각으로 교차하는 전자기파의 형태로 진행하게 된다. 그렇지만 이 파동은 뱃전에서 갈라지는 물살과 같은 것이어서, 빛의 입자성을 훼손하는 근거가 될 수는 없다.

이 빛이 30만Km/s의 속도로 물질과 부딪치면 어떻게 될까? 빛의 구름의 일부가 깨어져 틈새가 벌어지거나 두께가 얇아질 것이다. 그럼 내부에 함축되는 바탕질 숫자가 줄어들어 에너지는 작아지고 파장은 길어진다. 콤프턴현상이 그랬었다. 그래서 한번 산란될 때마다 X선-자외선-가시광선-적외선의 단계로 붕괴하게 된다.

여기서 'X선'은 빛의 구름이 워낙 두꺼워 강한 투과력을 발휘하고 '자외선'은 물체에 두터운 빛구름을 떨구어 물체의 빛구름과 반응하므로 화학선으로 불리고, '적외선'은 덩치가 가장 작아 투과가 쉽고, 충돌시 허술해진 빛구름의 잔해가 모두 떨어져나가 함축했던 바탕질을 모두 털어내는 열선이 된다.

그럼 빛으로부터 떨어져나간 빛의 구름은 흔적도 없이 사라질까? 아니다, 빛의 구름 조각들은 여전히 바탕질의 투과를 차단하므로 동그랗게 말려 일부의 알갱이들을 감금하게 된다. 이것이 '전파'인데

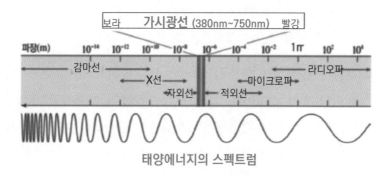

태양에너지의 스펙트럼

가장 크고 두터운 조각구름은 복사로 불리는 마이크로파를 형성하고, 더 작은 것은 극초단파 초단파가 된다. 단파 · 중파 · 장파 등의 라디오파는 알몸광자도 빛의 구름도 없는 바탕질 자체의 출렁거림이어서 전자기파의 특성은 사라질 것이다.

③ 빛의 구름의 또 다른 증거들

알몸광자에서 유리된 빛구름 조각들은 차츰 상공으로 올라가 구름처럼 한 덩어리로 엉킬 것으로 추정한다. 그럼 장구한 세월 동안 그것들이 모여 '전리층' 혹은 '반알렌대'로 불리는 방사능대를 형성한 건 아닐까? 3천Km 상공의 '내대'는 양성자에서 분리된 양전자 빛구름이 주성분을 이루고, 2만Km 상공의 '외대'는 전자 빛구름의 덩어리일 가능성이 높아보인다.

여기서는 빛의 구름이 하전입자의 쟁탈전을 벌여 하전입자들이 수초만에 지그재그로 남북을 오르내리는데, 내대에는 양성자, 외대에는 전자가 주로 집중되어 있다. 최근 내대-외대의 틈새영역에 소규모의 방사능대가 형성되었다 소멸되는 현상이 관측되는 것은 양전자-반핵자 빛구름과 관련될 것으로 추정해본다.

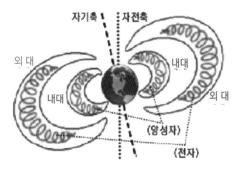

(반알렌대)

- 자기축을 중심으로 형성됨
- 내대엔 주로 양성자가
  외대엔 주로 전자가 집중됨
- 입자들이 나선운동 하며
  남극-북극을 수초 내에 왕복

특이한 것은 마이크로파 · 극초단파 · 초단파는 전리층을 통과하는 반면, 라디오파는 지표로 반사된다는 것이다. 전자를 '직접파' 후자를 '상공파'라 부르는데, 직접파는 전파 알갱이가 전리층을 뚫고가는 반면, 상공파는 바탕질이 두터운 빛구름을 뚫지 못하기 때문으로 보인다. 그러다 상공파가 그 틈새를 통과하여 전리층에 흡수되면 그 곳의 온도가 올라간다. 바탕질이 추가되었다는 의미이다. 즉 라디오파가 바탕질의 출렁거림이라는 증거이다.

동시에 이것은 전리층이 오랜 세월 누적된 빛의 잔해, 즉 빛의 구름의 운집체라는 사실에 대한 반증이기도 하다. 태양 광구의 온도가 6,000℃에 불과한데, 코로나의 온도가 수백만℃에 이르는 역설적 현상도 빛 · 복사의 캡슐인 빛의 구름이 전리층에 흡수되면서 주머니가 터지듯 바탕질이 쏟아지기 때문이다.

구름이 전기의 덩어리가 되는 불가사의도 물분자끼리 마찰하는 순간 빛의 구름을 박차고 전자만 달아나는 현상 때문이다. 남겨진 빛의 구름은 전류가 전자의 흐름과 반대로 흐르듯 구름의 반대편에 집중된다. 그럼 맞은편 구름엔 전자가 집중되어 대전하다, 빛의 구름이 버번쩍~ 몸을 날려 사랑을 쟁취하는 순간, 남겨진 구름에는 캡슐을 잃은 열 알갱이들이 후두둑~ 쏟아져 순식간에 3만℃까지 치솟게 된다. 미스터리의 해결이다. 이어 그것이 차가운 부분과 마찰을 일으켜 구르릉~ 진동하면서 천둥이 치게 된다.

④ 적색편이? 색상을 인식하는 메커니즘은 광파의 강도에 따라 시신경이 느끼는 자극이 달라진다고 생각하기 쉬우나 실상은 빛의

구름의 작용이다. 빛이 망막에서 산란되면 조각 빛구름을 떨구게 되는데, 음식물을 잘게 쪼개야 소화·흡수가 가능하듯이, 자외선이 떨구는 조각은 너무 커서 시신경을 통과하지 못하지만, 가시광선이 떨구는 조각은 크기가 적당하여 신경세포에 올라타게 된다.

그 순간 전위차가 발생하여 순식간에 대뇌까지 이동하게 되며, 마지막 신경세포를 빠져나오는 순간 일으키는 반짝~ 하는 마찰이 색으로 인식된다. 그 빛이 식어야 다른 빛을 볼 수 있으므로 잔상효과가 남게 된다. 어쩌면 대뇌 속에 대형스크린이 있을지도 모른다.

파란색은 작은 조각구름을 떨어뜨리기 때문에 대뇌세포는 차가운 색으로 느끼지만, 광자의 잔여빛구름이 가장 두껍기 때문에 파란 불꽃의 온도가 가장 높다. 반면 빨간 불꽃은 대뇌에서는 강렬한 잔상을 남기지만 잔여빛구름이 허술하여 온도가 낮다.

여러 색상의 빛이 동시에 들어오면 '평균치의 파장으로 색을 인식' 한다. 그래서 빨강-초록이 섞인 바나나를 노란색으로 인식하는 등 색상의 혼합이 이루어진다. 햇빛을 백색광으로 인식하는 것은 눈부실 정도로 환해 대뇌가 혼합된 빛을 구분해내지 못하기 때문이다.

여기서 적색편이의 원인이 명확해진다. 빛의 파장이 늘어지는 것은 빛의 구름의 크기 및 두께가 작아져 함축하는 바탕질 알갱이의 숫자가 줄어들기 때문이다. 이것은 산란에 의해서만 발생하는 현상이어서 공간의 팽창이 개입할 여지가 없다. 일차적으로 광원 대기와 충돌하여 에너지를 흡수·방출할 때 청색·적색편이가 발생하고, 전리층을 통과할 때 상당한 빛구름 조각을 빼앗기고,

성간 먼지와 성운을 통과하면서도 상당한 손상을 입는다. 특히 퀘이사에서 초단파 수준의 전파를 방출한다는 것은 상당한 두께의 자갈층을 통과해야 가능한 일이다.

이제 혼란만 남는다. ❶가까운 별의 거리는 태양 공전궤도의 양극단과 별 사이의 꼭지각을 계산하는 '연주시차'의 방법으로 구하고, ❷30억 광년 안쪽의 별은 표준촛불로 불리는 1a형 초신성과의 밝기를 비교하는 방법으로 구하고, ❸그보다 먼 별의 거리는 적색편이가 거의 유일한 척도였다. 그런데 적색편이가 시공간의 팽창과 무관하다면 지금까지 그려왔던 우주지도는 모두 허구가 되어버린다. 이제 이 일을 어떡할꺼나!!

[3] 배경복사

① 배경복사 지도 팽창우주에 대한 확신이 깊어진 것은 위성 관측으로 그려낸 배경복사 분포도가 결정적이었다. 1990년대의 코비위성은 ①배경복사의 온도가 전 우주에서 균일함을 밝혀내어 급팽창이 사실이었음을 증명하였고, ②연이어 10만분의 1의 온도차, 즉 '배경복사의 주름'이 편재함을 확인하여, ③그 정도 밀도차면 중력수축으로 은하계가 오늘날의 모습으로 성장하는 데 충분하다는 계산이 도출되었다. 그것을 '우주의 씨앗'이라 칭한다.

금세기 초엔 복사계의 해상도를 수십 배 높인 WMAP이 9년간의 관측을 통해 우주의 팽창속도를 나타내는 '허블상수'가 70임을 밝혀내어 우주의 나이는 137억 광년으로 산정되었고, 우주지도에

COBE 위성의 배경복사 지도   플랑크 위성의 배경복사 지도

나타난 물질들의 질량을 합산한 결과 별·성간가스 등의 일반물질 4.5%, 암흑물질 22.7%, 암흑에너지 72.8%의 비율로 구성된 것으로 분석되었다. 이것이 암흑물질과 가속팽창을 중심으로 한 표준모형의 정립에 핵심적 역할을 하였다.

2009년엔 해상도 100배의 플랑크위성이 허블상수가 67.80임을 확인하여 우주의 나이는 1억 광년 늘어난 138억 광년이 되었고, 우주에서 물질이 차지하는 비율 4,9%, 암흑물질 26.8%, 암흑에너지 68.3%로 측정되었다. 그런데 이들 분포도에서 암흑에너지의 원천인 진공에너지의 밀도가 지나치게 높은 것으로 계산되어, 평행우주론 혹은 다중우주론이 태동하는 계기가 되었다.

2 **배경복사의 나이에 관한 의문** 그러나 본론은 배경복사가 과연 빅뱅 38만 년 후, 양성자·전자의 플라스마와 분리된 그것이 맞는가 하는 근본적 의문을 떨칠 수 없다. 먼저 플랑크는 열이 양자 알갱이의 집합상태이고, 뜨겁다는 것은 양자의 밀도가 높다는 것이라고 하였는데, 과연 3,000°K의 마이크로파가 존재하는지, 용광로 쇳물에 DMR복사계를 갖다대면 개개의 복사 알갱이가 1,300°K로 찍히는 건지 의심스럽다.

물론 과학자들의 실험이 그렇게 허술하지는 않겠지만, 본론은 마이크로복사를 적외선이 산란되면서, 알몸전자와 분리된 빛의 구름으로 이해한다. 이 조각들은 10개 내외의 일정 규격으로 갈라질 것이기 때문에 함축할 수 있는 바탕질 알갱이 수는 한정되어 있다. 따라서 같은 크기라면 온도도 같을 수밖에 없다.

반면 연료를 때면 무더기로 쏟아지는 바탕질이 함께 방출된 빛구름을 보자기처럼 휘감아 제법 큰 열덩어리를 형성할 수 있을 것이다. 이것은 감마선보다 알갱이가 커서 조금의 거리를 진행하면 작은 덩어리로 분열될 걸로 여겨지는데, 복사계에서는 어떤 파장·온도로 검출되는지 궁금하다.

문제는 이 열적 복사의 진행속도가 빛과 비교할 수 없을 정도로 느릴 거라는 것이다. 그럼 우주 끝에서 달려오는 열복사는 준광속 팽창하는 공간을 거슬러오면서 강물에 떠내려가는 효과에 의해 영원히 지구에 도달할 수 없게 된다. 그럼에도 광속으로 달려왔다면 시간이 정지하므로 영원히 식지 않아야 한다.

그럼에도 식을 수 있다면 상공에 충만한 배경복사는 각각 달려온 거리가 다를 것이므로 모두 온도가 달라야 한다. 필경 상공에는 모든 방향에서 각각 상이한 거리를 달려온 복사들이 뒤섞여있을 수밖에 없는데, 이들의 나이가 모두 138억 살일 방법이 없지 않은가?

따라서 등방성 배경복사가 가능한 방법은 나이를 불문하고 처음부터 2.73°K의 마이크로파로 태어나는 방법밖에 없다. 그럼 ①지금 지표에서 으스러지는 무수한 빛의 잔해에서 유령처럼 몸을 일으키는 복사와 ②50억·70억 년 전 저쪽 은하의 물질에 산란되어 발생한 복사 및 ③빅뱅 때의 그것을 구분할 방법이 없어진다.

③ **배경복사의 구조적 특성** 흑체의 구멍에 빛을 주입하면 핀볼처럼 광자가 타다당~ 튕기면서 산란되어 순식간에 알몸전자와 빛의 구름으로 분리될 것이다. 그리고 그 구멍에서 방출되는 복사와 흑체복사의 스펙트럼이 완벽하게 일치한다. 이것은 무슨 의미인가? 양자의 구성품과 제조공정이 동일하다는 의미이다.

따라서 비열적 복사의 제조원은 빛으로 규정해도 무방하다. 그럼 감마선이 X선-자외선-가시광선-적외선-마이크로파의 단계로 산란할 때마다 일정 크기의 빛구름 조각들이 떨어져나갈 것이고, 지구 자체가 모든 파장의 빛을 산란시키는 흑체이므로, 나이와 상관없이 복사의 규격·온도는 일정할 수밖에 없다. 즉 배경복사는 급팽창의 증거가 아닌 빛의 구조적 특성에 따른 것이다.

그럼 지금까지 무슨 짓을 해온 것인가? 쿼크·암흑물질처럼 처음부터 존재하지 않았던 것을 찾아 헤맸던 것 아닌가? 실제로 열팽창이 있었다면 어떤 경우에도 비대칭 냉각이 발생할 수밖에 없는데, 실제로 등방성 배경복사가 등장하자, 급팽창이란 묘수를 짜내 돌려막기를 하면서 찬사를 보내고, 기껏 찾아낸 10만분의 1의 밀도차가 우주의 씨앗이 되었다는 시뮬레이션 결과를 내밀고 있으니, 짜고치는 고스톱처럼 작위적 냄새가 짙다.

순서상으로도 최초의 빛이 우주를 밝히려면 열핵반응이 먼저 발생해야 하고, 이때 결손된 0.7%의 질량이 열로 전환되므로,

빅뱅 때 진공에너지가 열적 전환 후 입자적 전환을 하는 것은 2억 년의 시간을 뒤바꾼 것이다. 특히 빅뱅 38만년 후의 전자-양성자 플라스마는 열에 의해 분리된 것이 아니라 원자 형성 직전의 상황에 불과한데, 거기서 무슨 복사가 분리되었다는 것인가? 배경복사의 주름이 우주의 씨앗이었다는 발상은 후손이 시조를 잉태했다는 것처럼 인과관계를 전도시킨 것이다.

호킹은 이 순서를 뒤집으려고 시공간의 양자요동을 언급하였지만 빅뱅 특이점에 양자 알갱이가 존재할 수도, 명멸하면서 진동할 틈새도 없다. 그의 고단한 삶에 위안을 보내고 싶긴 하지만 이것만은 야바위 수준의 거짓말이라 비난받을 자격이 있다.

[4] 중력의 실체

① 일반상대성이론

중력이란 질량을 가진 두 물체 사이에 작용하는 인력을 말하는데, 뉴튼의 만유인력에서는 두 물체의 질량의 곱에 비례하고, 거리의 제곱에 반비례하는 것으로 표현된다.($F = G \times m_1 m_2 / r^2$) 반면 아인슈타인은 시공간이 휘어진다는 중력장의 개념으로 설명하며, 중력장의 경사도에 따라 중력가속도 g의 크기가 결정된다.

특수상대성이론에서는 등속운동을 하는 관성계에서의 물리량을 표현하였다면 일반상대성이론은 가속운동을 하는 관성계에서의 물리량을 '등가의 원리'로 설명한다. 먼저 물체가 땅으로 떨어질 때 무거울수록 중력이 커지는데, 그것을 '중력질량(m)'이라 부른다.

반대로 물체를 가속시키는 경우 무거울수록 힘이 더 많이 드는데, 가속도를 결정하는 질량을 '관성질량(m')'이라 부른다.

그럼 중력질량이 작용하면 무거운 물체가 먼저 떨어져야 하고, 관성질량이 작용하면 가벼운 물체가 먼저 떨어져야 하지만, 갈릴레이는 피사의 사탑에서 사과와 깃털이 같은 속도로 떨어짐을 확인해주었다. 이것은 곧 중력질량과 관성질량이 같다는 의미이므로, 중력과 가속에 의한 관성력이 같다는 '등가의 원리'가 성립하게 된다. 그렇다면 가속계에서 발생하는 물리법칙을 별도로 표기할 필요없이 중력장으로 일괄 표기해도 별 문제가 없다는 것이 '일반상대성이론'이다.

이렇게 중력장을 표현하려면 2차원적 유클리드 기하학 대신 3차원적 곡률의 개념이 필요하므로, G. 리만의 곡면기하학을 원용하여 유명한 중력방정식을 도출하였는데, 이 등식은 '시공간의 곡률 관련량 = 물질의 분포 관련량'으로 표현된다. 이것은 '물질의 분포를 알면 시공간이 휘는 정도를 알 수 있다', 즉 중력이 시공간을 휘게 만들어 '중력장'이 형성된다는 것으로, 가속운동을 하면 그 곡률이 더 커지게 된다.

이것은 흔히 쫙 펴진 그물에 볼링공을 떨어뜨린 상태로 비유되는데, 지구가 태양을 공전하는 것도 지구는 직진운동을 하지만 중력장 이 태양 쪽으로 휘어 있어서 빨려드는 것으로 설명할 수 있게 된다. 이에 '물질은 시공간이 어떻게 휠 지를 말해주고, 시공간은 물질이 어떻게 움직일 지를 말해준다'는 명구를 남겼다. 이리하여 특수상대성 이론의 시간개념에 이어 공간의 개념까지 깨어지게 되었다.

중력장

② 일반상대성이론의 증명

❶ **수성의 근일점 이동** : 행성이 태양과 가장 가까울 때를 '근일점' 가장 멀 때를 '원일점'이라 부르는데, 수성의 근일점은 100년마다 5,600초씩 느려진다. 뉴턴역학은 5,557초만 설명할 수 있어서 다른 소천체의 영향 등이 운운되고 있었으나, 아인슈타인은 가속운동을 하면 시간이 느려진다는 개념에 착안하여, 그의 방정식으로 나머지 43초를 정확하게 계산해내었다.

❷ 태양 정도의 중력장이면 빛마저 휘어져 진행할 것이므로, 태양이 없는 밤에 A지점에서 관찰되던 별빛이 태양이 있는 낮에는 조금 더 밖으로 멀어진 A'의 위치에서 관측될 것으로 예견하였는데, 영국의 에딩턴경이 개기일식 때 태양 주변의 사진을 찍은 후 밤에 찍은 사진과 대조해본 결과, 예측한 그대로의 위치이동이 확인되었다.

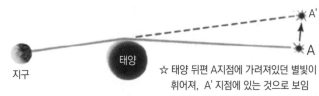

☆ 태양 뒤편 A지점에 가려져있던 별빛이 휘어져, A' 지점에 있는 것으로 보임

태양의 중력에 이끌려 휘는 별빛

❸ **중력 적색편이** : 빛은 중력에서 벗어나면서 점차 에너지를 잃기 때문에 중력 적색편이가 나타날 것으로 예측되었는데, 22m 높이 엘리베이터 통로에서 감마선을 쏘아올린 결과 실제로 1조분의 2 정도의 에너지 감소가 관측되었다. 그러나 이것은 중력공간에서는 격자구조가 촘촘히 달라붙어 간격이 짧고, 위로 올라갈수록 정상간격을 회복하여 파장이 늘어지는 효과에 의한 것이며, 광자가

함축하는 에너지는 오히려 위로 올라갈수록 더 커진다.

❹ 샤피로의 시간지연 : 빛이 중력장을 지날 때 시간지연으로 속도가 감소할 것으로 예측되었는데, I. 샤피로가 수성으로 접근할수록 전파의 속도가 느려짐을 확인하였고, 마리너 6호 · 카시니호 등을 통해서도 이론치와 일치하는 실험치를 확인하였다.

❺ 중력파 : 블랙홀 같은 거대질량체가 합체 · 충돌하는 등의 사건이 발생하면 시공간도 함께 요동하여 중력파가 광속으로 전파될 것으로 예견하였는데, 2015년 미국 라이고 등에서 검출에 성공했다는 뉴스가 이어지고 있다.

❻ 무수한 블랙홀이 발견되어 특이점이론, 특히 빅뱅 특이점에 대한 의심마저 사라졌지만, 본론은 그것이 빛이 빠져나갈 길이 막혀버린 것임을 확인한 바 있다.

③ 중력가속도의 원인

일반상대성이론의 기본개념은 이해하지만 시공간이 어떻게 휜다는 것인지 연상이 되지 않는다. 중력장의 개념도는 항상 별 아래 처진 그물의 형태로 표시되는데, 별의 모든 방향에서 중력은 동일하고, 휘어진 시공간은 지표쪽에 더 많이 밀집되므로 옆 그림처럼 구각의 밀도분포 차로 표시되어야 하는 것 아닌가?

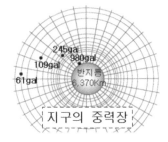

그런데 열려진 그물의 형태를 취하고 있으니 중력중심이

어디인지도 헷갈린다. 친절한 설명도 없다. 이렇게 휘어진 시공간의 형태를 가늠하지 못하니 제대로 된 비판도 어렵다. 그렇지만 그물처럼 늘어지면 최소한 각 좌표지점마다 시공간의 밀도가 달라야 한다. 그럼 각 지점마다 다르게 흐르는 시간이 어떻게 유기적으로 연결되고, 어떤 단위길이로 분열되는지 의아하다.

학계 일부의 비판처럼 휘어진 시공간이 물리적 힘을 발휘하려면 중력자나 다른 어떤 매개입자가 검증되어야 하는 것 아닌가? 또한 3차원 공간의 두 질점은 직선으로 이어지는데 4차원에서는 왜 휘어져 연결되는지, 4차원 곡선주로에 떨어진 물체의 운동이 어떻게 직선으로 변환되는지도 모르겠다.

본론의 3차원적 중력장 역시 공간이 휘어진 것은 맞다. 별이 대량의 바탕질을 응축하므로 지표를 향할수록 밀도가 낮고, 멀어지면 정상밀도를 회복한다. 위 그림과는 반대로 지표에서 가까운 곳은 밀도분포의 간격이 성기고 멀어질수록 조밀해질 것이다. 예컨대 고도 1Km를 단위 높이로 할 때, 지표에선 고점-저점 사이 바탕질의 밀도차가 크고, 위로 올라갈수록 그 폭이 작아질 것이다.

따라서 어떤 높이에서의 중력의 세기는 바탕질의 고점 밀도(d_2)에서 지표의 밀도(d_1)를 뺀 값(d_2-d_1)을 고도(h)로 나눈 값 정도로 생각할 수 있다. 그럼 앞쪽 그림처럼 높아질수록 gal 수치가 점점 낮아지게 된다. 지금은 단위부피당 바탕질 알갱이수를 산정할 순 없지만, 연구가 진행되면 위 gal 수치를 대입하여 별의 질량에 따른 고도별 바탕질의 밀도분포를 역산해낼 수도 있을 것이다.

중력공간에서 인력이 발생하는 이유는 상식적이다. 물이 낮은 곳으로 흐르듯 밀도가 높은 쪽에서 반발력이 약한 쪽으로 물체가 왈칵~ 밀려버리기 때문에, 발을 헛디디듯 아래쪽으로 짓눌리게 된다. 그 과정이 연속되면 자유낙하가 시작되는 것이다. 태양 옆을 지나는 빛 역시 아래로 짓눌려 진행할 수밖에 없고, 중력공간에서 빛의 속도가 느려지는 것도 추진력의 근원인 바탕질의 반발력 감소 때문이므로 시간지연효과와는 전혀 무관하다.

지표에서의 중력가속도는 물체의 질량과 관계없이 $9.8m/s^2$로 알려져 있는데, 자유낙하에서 가속이 붙는 과정은 다음과 같이 시뮬레이션 해볼 수 있다.

❶ 물체가 자유낙하를 시작하면 아래에서 짓눌린 바탕질이 입자 사이의 내부공간으로 소용돌이치며 밀려들어간다. 그럼 추가된 부분만큼 질량이 무거워지게 된다.

❷ 추가된 질량은 아래에서 연속적으로 밀려드는 바탕질에 떼밀려 물체를 관통한 후 위로 배출되는데, 위쪽 바탕질이 물체를 짓누른 상태여서 추가분이 빠져나갈 길이 막혀버린다.

❸ 그럼 위쪽 바탕질과 추가분이 합체하여 더 센 압력으로 짓누르게 되어 낙하속도는 가속적으로 빨라지고, 바탕질의 압축률이 높아진 만큼 질량도 늘어난다. 이것이 지상에 떨어지면 중첩된 바탕질이 막중한 파괴력을 발휘하게 된다.

❹ 따라서 중력질량이란 낙하 시작지점에서 착지지점 사이의 바탕질을 모두 합한 것에서 후면·측면으로 새어나간 알갱이 수를

뺀 것으로 정의할 수 있다.

❺ 운동에너지가 발생하는 이유 역시 바탕질의 밀집 때문이며, 전면에서 압축된 바탕질보다 적은 숫자의 알갱이가 후면에 중첩된다면 저항을 받은 것이고, 동일 숫자의 알갱이가 중첩되면 관성운동, 더 많은 알갱이가 중첩된다면 가속운동이 발생하게 된다. 따라서 중력과 가속운동은 본질적으로 동일하다.

④ 중력의 실체는 추력(推力)이다.

책상 위의 꽃병은 운동에너지가 전혀 없었지만 미끄러지는 순간 수직낙하한다. 위치에너지를 갖고 있기 때문이다. 그런데 좀 의아하다. 위치에너지는 '어떤 높이에 있는 물체가 가지는 에너지'로 규정되지만, 만유인력에 따르면 지표의 인력에 끌려 떨어진 것이고, 중력장의 개념으로는 그냥 처진 그물로 미끄러지는 것이다. 그럼 꽃병은 단순히 이끌려갈 뿐인데, 그럼에도 위치에너지를 가지고 있었던가? 오히려 갚아야 할 부(-)의 에너지를 가진 상태 아니었던가?

반면 본론에선 질량체가 인력을 발휘하는 것이 아니라, 그로 인한 바탕질의 소밀차에서 미는 힘이 발생한다고 본다. 지표에서 멀어질수록 바탕질의 밀도가 높아지므로 꽃병이 함축한 알갱이 수도 늘어나 절대질량도 높아진다. 실질적으로 위치에너지를 가진 상태인 것이다. 그러다 낙하하는 순간 내재된 잉여에너지가 증발하므로, 떨어진다는 것은 곧 에너지의 누출과정으로 해석할 수 있다.

이 과정 어디에 인력이 있었던가? 단지 아래로 짓누르는 추력만 있었을 뿐이다. 따라서 중력의 실체는 추력으로 규정되어야 한다. 중력 뿐 아니라 입자의 스핀과 행성·별·은하의 자전·공전운동 모두 바탕질의 추력에서 발생한다. 바탕질의 밀당이 우주의 출발점이었고, 은하자기장을 타고 유동하는 바탕질의 작용으로 은하계가 탄생하였으니, 그것이 우주의 '제1동인'이다.

따라서 우주적 힘에 인력은 존재하지 않는다. 음전하·S극·중력 등은 외관상 인력을 발휘하는 것처럼 보이지만, 입자·물질 스스로는 어떤 힘도 방출할 수 없기 때문에, 바탕질의 떠미는 힘이 전부이다.

한 가지, 모든 힘의 본질이 동일하고, 정렬되지 않은 전자기장이 곧 중력이라고 규정하면 전기적 감전을 먼저 떠올리게 된다. 그러나 정지전하에는 전류가 없다. 그러다 전압이 걸려 전자가 흐르면 거기에서 박리된 빛의 구름이 반대방향으로 움직여 전기적 힘이 발생하게 된다. 즉 전하와 전기는 전혀 별개의 힘이다. 그래서 우리의 몸을 관통하는 자석·지자기·중력에 감응을 못 느끼는 것이다.

따라서 은하계 외곽 별들의 빠른 공전 속도는 바탕질이 별을 밀어내는 속도가 그렇다는 의미이다. 즉 230Km/s 내외의 공전속도는 '별의 고유속도'인 것이다. 위성사진을 분석하여 암흑물질 분포도를 그려낼 수 있었던 것은 태양계 최외곽에 태양자기의 고속도로가 둘러싸고 있었던 것처럼, 강력한 은하자기의 고속도로가 있어서 전반사의 각도로 진입하는 다른 은하의 빛이 굴절한 게 아닌가 추정해본다. 이제라도 님들의 화려한 우상을 깨고, 음폐된 진실을 밝힐 때가 되지 않았나?

3. 순환우주 모형

[1] 빅뱅우주론의 종언

사람들은 '우주가 한 점에서 폭발하여 끝없이 팽창한다'는 신화 같은 얘기를 철썩 같이 믿고 있지만. 시간이 갈수록 빅뱅론에 배치되는 연구결과들이 누적되고 있어서 자칫 붕괴직전의 위기에 봉착해있다. 이론의 근간이 되는 암흑물질·암흑에너지에 대한 회의는 물론이고, 빅뱅에너지의 근원, 급팽창 점화의 문제, 배경복사의 비대칭 분포, 등등등, 모든 사안에서 의심을 더하는 자료들이 속출하고 있다.

특히 먼 은하의 성숙 문제가 가장 심각하다. 태양 같은 별이 다져지려면 최소 10억 년, 중원소를 합성하려면 십억 년, 그래서 은하가 태어나려면 최소 수십억 년이 걸리는데, 태양 질량 수백억 배의 퀘이사가 빅뱅 후 10억 년의 거리에서 무수히 발견되고, 심지어 1.5억 년의 거리에서도 발견된다. 퀘이사는 감마선 대신 가시광선·전파를 방출하고, 그 나이에 가져서는 안 되는 철 등의 중원소 방출선까지 내놓는다.

나아가 핼톤 아프는 먼 퀘이사와 가까운 은하 사이의 물질 교환을 의심하고 있다. 유명한 '창조의 기둥' 성운은 수만 개의 별이 태어나는 공장으로 일컬어졌었지만 수십 년이 지나도 가스요동은 그대로고, 신생별이 태어나는 장엄한 모습은 결코 찾아볼 수

창조의 기둥
(픽사베이)

없었다. 구상성단 전체가 먼지로 싸인 은하도 발견되는데, 왜 가스·먼지들은 강착원반으로 떨어지지 않는 것인가? 이제 성운설은 할 말을 잃었다. 나아가 초중력 블랙홀은 왜 별을 삼키지 못하고 두꺼운 먼지에 싸여있는가? 카오스다!!

은하의 거리도 의심스럽다. 1a형 초신성이 표준촛불로 불리는 이유는 백색왜성이 높은 중력으로 질량을 끌어모으다 '찬드라세카르 한계'인 태양질량 1.44배를 넘어서면 초신성폭발을 일으키기 때문이다. 그럼 대부분의 1a형 초신성은 밝기가 비슷할 것이므로, 표준 초신성보다 밝으면 가까운 거리, 어두우면 먼 거리에 있다고 산정할 수 있다. 그런데 표준광도보다 2등급이나 어두운 1a형 초신성이 발견되어 회의가 확산되고 있으니, 그 거리를 어떻게 믿을 수 있는가? 나아가 먼 은하의 적색편이도 의심스런 정황들이 드러나고 있으니 우주지도를 새로 그려야 하지 않겠는가?

이렇게 치명적인 모순들이 수면 위로 떠오르자 원조 빅뱅론자들도 '다중우주론'이라는 오리발을 내밀고 있다. 그들은 반복적인 계산 결과 잠재적 진공에너지의 총량이 현재 가속팽창에 필요한 에너지보다 10^{120}배나 크다는 사실을 발견하고, 수십 차원을 주장하는 '끈이론'을 접합하여, 우주는 마치 폭포수 아래의 물방울처럼 10^{500}개의 우주가 불규칙하게 생성되었다 사라지는 '거품우주의 집합체'로 규정한다. 현 우주는 그런 불가능의 확률을 뚫고 태어난 우연의 산물이라는 것이다. 이에 검증이라는 과학의 영역을 벗어난 이론이라는 신랄한 비판이 뒤따르기도 한다.

[2] 은하의 재생

열역학 제2법칙에 따르면 모든 체제는 비가역적으로 무질서도가 증가하는 엔트로피 법칙의 지배를 받아 점진적으로 쇠퇴한다. 그러나 이것은 에너지가 흐르는 방향을 나타낸 것일 뿐 에너지의 소멸을 이야기하는 것은 아니다.

만약 우주의 끝이 '열린 계'라면 폭포수처럼 바탕질이 쏟아져나갈 것이고, 어느 순간 우주의 빛도 사라질 것이다. 이 경우 애초에 은하계의 생성 자체가 불가능했을 것이다. 반대로 '닫힌 계'라면 한 알의 바탕질도 유실되지 않고 어딘가에 남을 것이다.

우주엔 은하의 소멸을 암시하는 흔적들이 매우 많다. 입자-반입자의 수는 엄밀하게 동일하기 때문에 감마선 쌍소멸이 발생하는 만큼 핵자-반핵자도 사라진다. 스러져가는 별들의 마지막 단말마는 감마선 버스트일 것이다. 창대한 빛을 방출하던 은하도 차츰 빛을 잃고 부피가 줄어, 불규칙 은하·왜소은하·위성은하가 된다.

별의 숫자가 정상치의 1/1,000에 불과한 은하도 다수이고, 별들이 거의 없는 '암흑은하'도 발견된다. 은하단 전체가 암흑인 사례도 있는데, 별이 거의 없음에도 고온의 플라스마에 싸여있고, 대량의 철 원소가 발견된다. 이들 스러져가는 별·은하가 뱉어낸 입자·에너지는 어디로 가버린 것일까?

❶ 시냇물이 바다에 이르듯 종국에는 우주의 끝에 도달할 것이다. 그런데 우주막은 태초의 충격으로 울퉁불퉁 주름이 져 있을 것으로 상상된다. 특히 거대한 우물처럼 움푹 꺼진 부분이 있다면 사방에서

밀려든 바탕질이 소용돌이처럼 돌면서 낭떠러지로 빨려들 것이다.

❷ 그럼 안쪽은 상당한 고온의 상태가 되므로, 고밀도의 바탕질이 광자 내부로 침투하여 틈을 벌리면, 중성미자들이 전자-양전자를 떼어내, 폭포수처럼 중간자 모듈의 쌍이 쏟아지게 될 것이다.

❸ 그럼 반입자-입자의 영역분리가 이루어지면서 별의 형성과정이 시작될 것이고, 내핵이 닫히는 순간 별의 크기가 결정될 것이다.

❹ 반면 구부러지는 데 실패한 반물질 덩어리는 무한성장하여 은하의 중심핵이 되고, 은하자기로 묶인 별들의 집단은 거대우물의 코어에서 솟구치는 바탕질에 떼밀려 우주로 진입하게 될 것이다.

❺ 그 길목에서 몇 개의 은하가 합체하여 거대은하의 위용을 갖추고 대우주의 바다에 등장할 것이고, 양전자 쌍소멸이 진정단계에 접어들면 둥글게 부풀었던 모습이 점차 가라앉아, 별들은 황도면에 정렬하게 될 것이다.

이제 의문이 좀 풀리지 않으시는가? 빅뱅의 불꽃놀이가 채 식지도 않은 지점에서 웅장한 은하가 등장하는 미스터리는 바로 우주막의 요람에서 쑥쑥 태어나는 신생은하의 우렁찬 몸짓이었던 것이다.

예컨대 빅뱅 4억 광년 거리의 'GN-z11'은 우리 은하 질량의 0.1%에 불과한데 10억 태양질량의 퀘이사가 장대한 빛을 방출하고 있다. 은하핵의 성장 모습이 눈에 보이는 듯하다. 블레이자처럼 특히 밝은 은하는 은하핵 주위로 별들이 압축되는 시점에 전개되는 거대한 쌍소멸 때문일 것이다.

빅뱅 1.5억 광년 거리의 'VR7'과 인접 영역의 'CR7' 등 대여섯 개

은하는 이온화된 거대한 수소가스의 거품이 전체 은하를 둘러싸고 있는 모습으로 관측된다. 저들 모형으로는 이해가 불가능한 현상이지만 본 모형이 상정하는 신생은하의 모습과 일치한다. 이러한 초기은하로 보이는 소스들은 무려 수만~수십만 개에 이르는 것으로 추정되며, 은하들이 촘촘히 붙어있는 특이현상들도 발견된다.

[3] 거품구조의 미스터리

'거시공동'은 또 하나의 거대한 미스터리이다. 은하들의 3차원 지도를 그려내자 은하들은 좁은 지역에 밀집해있고, 나머지 영역은 거품처럼 텅 비어있다는 사실이 확인되었다. 밀집지역을 '필라멘트', 거대공동을 '보이드'라 부른다.

보이드의 크기는 보통 3천만~3억 광년에 이르고, 13억 · 18억 광년의 슈퍼보이드도 발견된다. 은하들은 보이드의 표면에 따닥따닥 붙어있고, 겹쳐진 곳에는 초은하단이 밀집되어 수억~수십억 광년 길이의 '거대구조'를 형성하기도 한다.

학계에서는 암흑물질 배치도와 은하분포도가 일치한다는 사실에 근거하여, 암흑물질이 중력에 의해 응집되면서 거대한 필라멘트의 가락이 형성된 것으로 설명한다. 그러나 암흑물질의 존재 자체가 의심스럽고, 은하에서 파생된 암흑물질 분포도로 은하의 밀집을 설명한 것은 결과를 원인으로 치환하는 야옹이라는 생각이 든다.

반면 본론은 완전한 뉴트볼의 군락지가 아닌가 추정한다. 코어가 빈 뉴트볼은 궤도전자와 충돌하더라도 탄력적인 수축이 가능하지만,

코어에 광자를 끼우면 수축이 불가능해진다. 또 처음 8분균열시 돌기들이 돌출된 상태이기 때문에 원상회복 하더라도 부피가 훨씬 커져 있을 것으로 상상된다.

그럼 궤도전자가 공전하다 여기에 부딪치면 밖으로 튕겨나가기 때문에 원자·분자구조를 유지하기 힘들어진다. 그럼 개밥에 도토리 마냥 이들이 한 곳으로 몰리어 보이드가 되었을 가능성이 있다.

그런데 2억 광년 크기의 국부 보이드에서 2개 이상의 은하가 발견되었고, 외부 보이드에서도 은하들이 속속 발견되고 있다. 그래서 본론의 위기를 느꼈지만 쇠고기 등심의 지방띠처럼 짜부라진 뉴트볼층이 뒤섞여 있는 공간에서는 가능한 현상이라는 생각이 든다. 즉 완전한 뉴트볼의 비율이 20% 정도만 되어도 전자의 궤도공전이 힘들 것이므로, 보이드는 기준치보다 함량이 높은 공간으로 생각할 수 있다.

그런데 우주막의 끝은 완전한 뉴트볼의 형성이 매우 쉬운 조건을 가지고 있다. 적외선이 한번 더 붕괴되면 알몸광자와 마이크로파로 분열되는데, 알몸광자는 빛의 구름이 없어 에너지도 빛도 가질 수 없는 어둠의 자식이 되어버린다. 그럼 우주의 끝 에너지가 중첩된 곳에서 전자-양전자가 미처 분리되기도 전에, 커다란 타우중성미자-반타우중성미자가 아래위에서 그것을 덮어버리면 다른 중성미자들이 달라붙어 완전한 뉴트볼을 형성하게 된다.

[4] 우주의 순환구조

이렇게 입자·에너지가 소진되지 않고 우주막의 끝에서 새로운 별·은하로 재생한다면, 은하들이 죽고 태어나는 과정이 끝없이 순환하므로 우주의 나이는 셀 수 없을 정도로 장구한 세월동안 이어지게 된다. 민들레가 홀씨를 흩날려 종을 이어가고, 60년 삶의 인류가 영고성쇄의 역사를 끝없이 이어온 것과 마찬가지이다.

불교에서는 옛 부처의 나이를 흔히 '무량무변 불가사의 아승지겁' 이란 표현을 쓰는데, 여기서 겁(劫)은 천지가 한번 개벽하는 43억 년의 세월을 의미하므로, 인간의 상상으로는 헤아리기 힘들 정도로 장구한 세월 동안 이어져왔다는 의미이다.

그런데 보이드를 통해서 볼 때 우주에도 수명이 있을 거라는 생각이 든다. 처음엔 작았을 보이드가 나이를 먹으면서 점진적으로 커져왔다고 생각할 수 있으므로, 우주는 소년시절에는 망둥어처럼 펄떡거리다, 청년시절에는 화려하게 우주를 밝히며 질서를 잡아가다, 중년으로 접어들면 육신은 골다공증이 심해지면서 점점 늙어가지만 지혜가 높아져 달관의 경지에서 우주의 운행을 주관하는 것으로 연상된다.

본론에도 치명적 난점이 있다. 은하의 재생이 우주막의 끝에서만 가능하다면 그것이 우주 내부의 곳곳에 일정한 간격으로 퍼지는 데 얼마의 시간이 걸릴까 하는 것이다. 관측상 지구는 우주의 중심 부근에 있는 것처럼 여겨지는데, 지구의 나이 50억 년, 안드로메다 은하의 나이는 100억 년 정도에 불과하다. '국부은하군'

중간쯤에 있는 우리 은하의 공전주기는 약 300억 광년, 공전속도는 500Km/s이고, 천만 광년 영역에 2,000개 가량의 은하가 연결된 '국부은하단'은 공전하지 않는다. 이것은 또 다시 1억 광년 영역에 수만 개의 은하가 연결된 '라니아케아 초은하단'에 편입되는데, 그 이동속도는 알려지지 않았다.

그럼 우주의 크기를 줄여 70억 광년으로 산정하더라도, 도대체 국부은하단은 어떤 속도로 달려왔기에 우주의 중심에 위치할 수 있는가? 최소한 나이가 천억 살이나 되어야 가능한 일 아닌가? 도저히 풀 수 없는 난제이다.

일단 충분하지는 않지만 바탕질의 해류를 언급해볼 수 있다. 즉 우주막의 끝에 밀집된 복사와 에너지가 곳곳의 은하 제조공장에 응집되면, 바탕질의 밀도차가 발생하여 월풀 욕조처럼 바탕질의 바다를 뒤흔들 수가 있다.

한편 지구의 조석간만이 달의 영향을 받는 것처럼 우주 외적인 작용도 있을 수 있다. 우주라는 알의 탄생은 다른 우주를 상정하지 않고서는 불가능한 일이어서, 외계 우주 사이에도 모종의 힘이 교환되어, 어쩌면 우주 자체가 회전하고 있을 지도 모를 일이다.

그럼 바닷물에 해류·조류가 있듯이 바탕질의 바다에도 5대양과 같은 거대한 흐름이 발생할 것이다. 그럼 은하들은 이 조류를 타고 떠다니면서 우주공간의 중심과 외곽을 대류하게 된다. 그런데 우주에는 초은하단을 넘어선 거대구조들이 즐비하다. 수만 개의 은하들이 밀집된 5억 광년 길이의 그레이트 월, 14억 광년의 슬론장성, 40억 광년의 보스장성, 무려 100억 광년의 왕관자리 장성도 있다. 이들이 해류에 올라타고 보이드를 건너뛰면서 집단이동할 가능성이 얼마나 될까?

그럼에도 바탕질의 해류를 암시하는 관측자료들은 꽤 많다. 20여년 전, 월간 「뉴튼」에서는 우주에는 북극성처럼 방향을 잡아주는 절대축이 존재하며, 160개 성군에서 방출되는 전자파가 나선형으로 뒤틀린다는 단신보도를 내놓았었다.

1990년, 미시간대의 M. 롱고는 지구에서 6억 광년 이상 떨어진 1,000개 이상의 은하를 조사한 결과 북쪽에 위치한 절반 이상의 은하가 반시계 방향의 나선형을 그리고 있음을 발견하였고, 다음해에는 남쪽의 은하들이 시계방향의 나선형을 그리고 있음을 확인하였다. 이에 연구진들은 '전체 우주가 어떤 중심축에서 특정한 방향으로 회전하고 있다'는 결론을 내렸다.

그 외에도 다수의 참고자료가 있다. 팽창우주란 선입견 속에서 이 정도 자료가 나왔다면, 본격적인 연구가 더해졌을 때 상당한 증거들이 튀어나올 것으로 생각된다. 그럼에도 40억 살 지구가 왜 여기에 있는지는 이해가 불가능하다. 혹시 호킹이 웜홀을 얘기했던 것처럼 은하집단이 이동하는 어떤 루프가 있는 것일까?

본론은 다수의 미제를 남기고 있지만 큰 틀의 해답은 거의 다 찾아낸 것 같다. 모든 논의의 출발점은 바탕질이어야 했지만 슈느님의 시공간에 대한 신앙이 워낙 견고하여, 핵력에서 출발하여 뉴트볼의 단서를 찾아내고, 빛의 실체를 밝히면서 결국 여기까지 이르렀다. 특히 쌍소멸모형은 태초의 균열, 별 형성이론 및 블랙홀의 실체를 확고히 증명해주는 압권이었다.

모든 논의를 마치면서 본론은 ❶**뉴트볼** ❷**바탕질** ❸빛의 구름 이라는 3종의 공간물질을 제안하였다. 뉴트볼은 어떤 힘도 에너지도 없는 장애물에 불과하였지만, 바탕질은 모든 힘의 근원이었다. 통일장이론이 아닌 '유일장이론'이라 불러도 과하지 않을 정도이다. 빛의 구름은 전기적 특성을 설명하는 중요 단서로 파악하고 있지만, 방만한 전개가 혼란스럽게 느껴져 깊은 논의를 생략하였다.

이 외에도 많은 연구과제를 남기고 있지만 여기서 일단 마침표를 찍어두고, 전문가 집단의 검토를 통해 다음의 논의가 이어지길 기대해본다. 그때에야 추론의 영역을 넘어선 진짜 학문이 될 수 있을 것이다... 저의 깊고 깊은 인생이야기, 끝까지 들어주신 여러분께 진심으로 감사의 말씀 올립니다!!

- 입자와 우주의 모든 것을 설명하다 -

초판 발행일	2023년 12월 7일
지은이	선 어 람
펴낸이	손 준 우
펴낸곳	도서출판 바탕
전 화	031) 816-7727
팩 스	031) 624-7718
주 소	고양시 덕양구 화신로 76
등록 번호	제 2023-000195호
무단 전재	괜찮아요.. (단, 표지 제외)
전면 복제	곤란해요.
copyright ⓒ	선 어 람
값	15,000원
ISBN	979-11-985178-0-7

표준모형의 시작과 끝은 마법적 상상으로 점철되어 있고,

에너지란 요술방망이만 있으면 못해낼 일이 없다.

물리법칙 따위는 안중에도 없고, 인과론마저 뒤집어진다.

그래서 소립자론 · 우주론의 모든 결론들은

정말 기이하게도 모든 물리현상을 정반대로 설명한다.

그 원점에 슈느님의 말씀이 있다.

- 본문 중에서 -